全球生物安全发展报告

（2022 年度）

王 磊　张 珂　王 华 ◎ 主编

科学技术文献出版社
SCIENTIFIC AND TECHNICAL DOCUMENTATION PRESS
·北 京·

图书在版编目（CIP）数据

全球生物安全发展报告. 2022年度 / 王磊，张珂，王华主编. -- 北京 : 科学技术文献出版社，2024. 12.

ISBN 978-7-5235-2074-1

Ⅰ. Q81

中国国家版本馆 CIP 数据核字第 2024XD4550 号

全球生物安全发展报告（2022年度）

策划编辑：崔　静　梅　玲　责任编辑：李晓晨　公　雪　责任校对：王瑞瑞　责任出版：张志平

出 版 者　科学技术文献出版社
地　　址　北京市复兴路15号　邮编 100038
出 版 部　（010）58882943，58882087（传真）
发 行 部　（010）58882868，58882870（传真）
邮 购 部　（010）58882873
官方网址　www.stdp.com.cn
发 行 者　科学技术文献出版社发行　全国各地新华书店经销
印 刷 者　北京地大彩印有限公司
版　　次　2024 年 12 月第 1 版　2024 年 12 月第 1 次印刷
开　　本　787 × 1092　1/16
字　　数　220千
印　　张　11.25
书　　号　ISBN 978-7-5235-2074-1
定　　价　108.00元

《全球生物安全发展报告（2022 年度）》编写人员

主　编：王　磊　张　珂　王　华

副主编：张　音　李丽娟　刘　术　陈　婷

编　者：（按姓氏笔画排序）

马文兵　王　瑛　王　磊　王　蠡
王凯钥　尹荣岭　史新迪　朱小丽
朱志华　刘　术　刘　伟　刘绍耕
李丽娟　李晓倩　邹　爽　张　音
陈　婷　林梦宣　周　巍　祖　勉
徐盈娟　黄　翠　梁慧刚　蒋丽勇
魏惠惠

前言

2022年度，国际生物威胁依然十分严峻，猴痘病毒首次在全球范围内，尤其在非流行国家广泛传播，并构成“国际关注的突发公共卫生事件”，新冠疫情仍在全球持续蔓延，生物武器、生物恐怖、生物技术谬用和物种生物安全威胁仍然存在。为应对复杂多样的生物威胁，多个国家出台了生物安全防御新举措，以进一步细化生物威胁应对措施，如美国发布《国家生物防御战略和实施计划》、澳大利亚发布《国家生物安全战略》、哈萨克斯坦发布《哈萨克斯坦共和国生物安全法》等。各国同时积极推动生物安全治理和军控履约，生物安全设施建设、生防产品研发等取得积极进展。

本书聚焦2022年度全球重要生物安全事件，以及全球新冠病毒感染防控科技进展，并针对WHO《负责任地使用生命科学全球指导框架》、美国国家生物技术和生物制造计划等进行专题分析，希望能为从事生物安全领域研究与管理的专家学者，全面系统地了解全球生物安全发展趋势和前沿动态，提供有益的参考借鉴。

本书由国内生物安全领域多家单位的专家共同编撰完成。因时间紧张、水平有限，书中内容难免有疏漏之处，敬请读者批评指正。

编　者

2023年6月

目录

第一篇

领域发展综述

第一章　全球生物安全威胁形势

2022 年，全球新冠病毒感染患者数量增速减慢，但猴痘等多种传染病在全球各地暴发，并与基因编辑技术等生物技术的快速发展交织引起了各界对生物恐怖和生物战的担忧。此外，我国外来物种入侵风险持续存在。

一、重大传染病疫情

2022 年，新冠疫情仍在全球持续蔓延，新冠大流行继续构成"国际关注的突发公共卫生事件"。猴痘病毒首次在全球范围内，尤其在非流行国家广泛传播，并构成"国际关注的突发公共卫生事件"。刚果（金）多次发生扎伊尔型埃博拉病毒病疫情，乌干达暴发苏丹型埃博拉病毒病疫情。阿拉伯半岛持续报告中东呼吸综合征病例。全球霍乱报告病例数呈上升趋势，影响范围不断扩大，正处于第七次大流行。东南亚和南亚地区大部分国家登革热活动较 2021 年同期呈上升趋势。野生型脊髓灰质炎病毒存在输出风险；疫苗衍生型Ⅱ型脊髓灰质炎病毒持续传播，全球传播风险仍较高。全球面临新冠和流感等呼吸道传染病叠加流行的风险。多国报告儿童不明原因肝炎病例。非洲地区的黄热病、马尔堡病毒病和裂谷热疫情也值得关注。

（一）新型冠状病毒感染

全球疫情仍持续蔓延。根据世界卫生组织（WHO）2023 年 1 月 4 日发布的周报，截至欧洲中部时间 2023 年 1 月 1 日，全球报告确诊病例 656 398 043 例，死亡 6 672 752 人。WHO 分区中，欧洲区域和美洲区域累计报告病例分别占全球总病例数的 41.1% 和

28.4%，累计报告死亡人数分别占全球总死亡人数的32.3%和43.3%。根据周报数据：全球周新增病例数最多的5个国家是日本、韩国、美国、中国和巴西，周新增死亡人数最多的5个国家是美国、日本、巴西、法国和中国。美洲区域的美国、巴西和阿根廷报告周病例数最多，美国、巴西和秘鲁报告周死亡人数最多；欧洲区域的法国、德国和意大利报告周病例数最多，法国、意大利和俄罗斯报告周死亡人数最多；东南亚区域的印度尼西亚、泰国和印度报告周病例数最多，印度尼西亚、泰国和印度报告周死亡人数最多；东地中海区域的卡塔尔、黎巴嫩和阿联酋报告周病例数最多，伊朗、沙特阿拉伯和突尼斯报告周死亡人数最多；西太平洋区域的日本、韩国和中国报告周病例数最多，日本、中国和韩国报告周死亡人数最多；非洲区域的埃塞俄比亚、赞比亚和南非报告周病例数最多，津巴布韦、马达加斯加和赞比亚报告周死亡人数最多①。

2022年全球报告新增病例出现4次高峰：第一次发生在1月中下旬，主要与奥密克戎BA.1变异株流行有关；第二次发生在3月，主要与BA.2变异株流行有关；第三次发生在7月，主要与BA.5和BA.4变异株流行有关；第四次发生在12月，主要与BQ.1/ BQ.1.1、BA.2.75和XBB.1.5等变异株流行有关；后3次峰值均未超过第一次。BA.5及其亚分支仍为全球优势流行毒株，2022年12月26日—2023年1月1日数据显示，BA.5及其亚分支的流行比例为70.5%；BA.2及其亚分支的流行比例为15.7%；重组体及其亚分支的流行比例为10.1%；BA.4及其亚分支的流行比例为0.6%②。

（二）猴痘

1970年，刚果（金）报告全球首例人类感染猴痘病毒确诊病例。人类猴痘病例主要分布在非洲中、西部热带雨林地带。自1970年以来，已有11个非洲国家报告猴痘病例，分别是贝宁、刚果（金）、刚果（布）、喀麦隆、中非、尼日利亚、科特迪瓦、利比里亚、塞拉利昂、加蓬和南苏丹。其他国家和地区发生猴痘疫情较少，且本地传播有限③。自2022年5月13日开始，全球多国陆续报告病例④，大部分病例来自既往没有记录存在猴痘病毒传播的国家。这是首次全球范围内同时报告病例和聚集性疫情，且大部

① Weekly epidemiological update on COVID-19-4 January 2023[EB/OL].[2023-01-04]. https://www.who.int/publications/m/item/weekly-epidemiological-update-on-covid-19---4-january-2023.

② Weekly epidemiological update on COVID-19-19 January 2023[EB/OL].[2023-01-19]. https://www.who.int/publications/m/item/weekly-epidemiological-update-on-covid-19---19-january-2023.

③ 猴痘防控技术指南（2022年版）[EB/OL].[2022-07-01]. http://www.nhc.gov.cn/yjb/s3577/202207/acd6016aaca543e29c16deb9b5ea3303/files/078e4d548cd2433ea4e2dba9079740b5.pdf.

④ Monkeypox-United Kingdom of Great Britain and Northern Ireland[EB/OL].[2022-05-18]. https://www.who.int/emergencies/disease-outbreak-news/item/2022-DON383.

分病例没有流行地区旅行史，全球传播风险为中等水平[①]。WHO 分别于 2022 年 6 月 23 日[②]和 7 月 23 日两次召开突发事件委员会紧急会议，讨论猴痘疫情是否构成“国际关注的突发公共卫生事件”。第二次突发事件委员会虽然未达成一致性意见，但 WHO 综合考虑后宣布猴痘疫情为“国际关注的突发公共卫生事件”[③]。同年 10 月 20 日，WHO 召开第三次突发事件委员会紧急会议，认为猴痘疫情继续构成“国际关注的突发公共卫生事件”[④]。

2022 年 1 月 1 日—2023 年 1 月 1 日，WHO 的 6 个分区共 110 个国家报告确诊病例 83 943 例，死亡 75 人。每周报告病例数从报告以来呈上升趋势，在 2022 年 8 月上旬达最高，之后呈下降趋势。病例主要分布在美洲区域（56 694 例）和欧洲区域（25 705 例），分别占总确诊病例数的 67.5% 和 30.6%，其次是非洲区域（1200 例）、西太平洋区域（229 例）、东地中海区域（80 例）和东南亚区域（35 例）。全球遭受影响最严重的 5 个国家分别是美国（29 603 例）、巴西（10 498 例）、西班牙（7496 例）、法国（4114 例）和哥伦比亚（4021 例），其中美国占总病例数的 35.3%。我国报告 6 例，其中重庆 1 例、香港 1 例、台湾 4 例。我国周边报告病例的国家分别是新加坡、印度、泰国、日本、菲律宾、俄罗斯、韩国、越南、印度尼西亚和斯里兰卡。全球共有 17 个国家报告了死亡病例，共死亡 75 人，其中美国（20 人）和巴西（14 人）分别占 26.7% 和 18.7%[⑤]。

（三）埃博拉病毒病

2022 年 4 月 23 日，刚果（金）宣布赤道省暴发埃博拉疫情。此次疫情是该国自 2018 年以来第六次、赤道省第三次疫情。WHO 风险评估认为：刚果（金）国家的传播

---

① Multi-country monkeypox outbreak in non-endemic countries: update[EB/OL].[2022-05-29]. https://www.who.int/emergencies/disease-outbreak-news/item/2022-DON388.

② First meeting of the International Health Regulations (2005) Emergency Committee regarding the multi-country outbreak of monkeypox[EB/OL].[2022-06-25]. https://www.who.int/news/item/25-06-2022-meeting-of-the-international-health-regulations-(2005)-emergency-committee--regarding-the-multi-country-monkeypox-outbreak.

③ WHO director-general's statement at the press conference following IHR Emergency Committee regarding the multi-country outbreak of monkeypox-23 July 2022[EB/OL].[2022-07-23]. https://www.who.int/news-room/speeches/item/who-director-general-s-statement-on-the-press-conference-following-IHR-emergency-committee-regarding-the-multi--country-outbreak-of-monkeypox--23-july-2022.

④ Third meeting of the International Health Regulations (2005) (IHR) Emergency Committee regarding the multi-country outbreak of monkeypox[EB/OL].[2022-11-01]. https://www.who.int/news-room/speeches/item/who-director-general-s-statement-on-the-press-conference-following-IHR-emergency-committee-regarding-the-multi--country-outbreak-of-monkeypox--23-july-2022.

⑤ Multi-country outbreak of mpox, external situation report #13-5 January 2023[EB/OL].[2023-01-05]. https://www.who.int/news/item/01-11-2022-third-meeting-of-the-international-health-regulations-(2005)-(ihr)-emergency-committee-regarding-the-multi-country-outbreak-of-monkeypox.

风险为高水平，区域传播风险为中等水平，全球传播风险低[①]。2022 年 7 月 4 日，刚果（金）宣布疫情结束。2022 年 4 月 23 日—7 月 3 日，2 个卫生区共报告病例 5 例（确诊病例 4 例，可能病例 1 例），均死亡[②]。2022 年 8 月 21 日，刚果（金）再次宣布北基伍省暴发疫情，9 月 27 日，刚果（金）宣布疫情结束。

2022 年 9 月 20 日，乌干达宣布暴发苏丹型埃博拉病毒病疫情。苏丹型埃博拉病毒于 1976 年在苏丹南部首次报告，共引起 7 次疫情：乌干达 4 次，苏丹 3 次[③]。自该起疫情宣布以来，报告病例数不断增多，疫情波及范围不断扩大。WHO 风险评估认为：乌干达国家的传播风险水平为非常高，区域传播风险为高水平，全球传播风险低[④]。2023 年 1 月 11 日，乌干达宣布疫情结束。自 2022 年 9 月 20 日以来累计报告病例 164 例（确诊病例 142 例、可能病例 22 例），死亡 77 人（确诊病例 55 人、可能病例 22 人）。

（四）中东呼吸综合征

2022 年全球报告中东呼吸综合征确诊病例数较 2021 年下降，显著低于往年报告水平。阿拉伯半岛持续报告病例。2022 年 1 月 1 日—2023 年 1 月 9 日，全球报告实验室确诊病例 6 例（沙特阿拉伯 3 例、卡塔尔 2 例、阿曼 1 例），所有病例均为原发病例，5 例报告了骆驼接触史，死亡 1 人。2012 年 4 月—2023 年 1 月 9 日，全球共报告确诊病例 2610 例，死亡 945 人，病死率为 36.2%[⑤]。

（五）霍乱

自 2021 年以来，全球霍乱报告病例数呈上升趋势，影响范围不断扩大。截至 2022 年 11 月 30 日，全球已有 29 个国家报告霍乱病例或疫情，2021 年为 23 个。非洲西部、中部、东部和南部及亚洲部分地区遭受影响[⑥]。黎巴嫩自 1993 年以来首次报告疫

① Ebola virus disease-Democratic Republic of the Congo[EB/OL].[2022-04-28]. https://www.who.int/emergencies/disease-outbreak-news/item/2022-DON377.

② Ebola virus disease-Democratic Republic of the Congo[EB/OL].[2022-07-04]. https://www.who.int/emergencies/disease-outbreak-news/item/2022-DON398.

③ Ebola disease caused by Sudan virus-Uganda[EB/OL].[2022-09-26]. https://www.who.int/emergencies/disease-outbreak-news/item/2022-DON410.

④ Ebola disease caused by Sudan virus-Uganda[EB/OL].[2022-11-10]. https://www.who.int/emergencies/disease-outbreak-news/item/2022-DON423.

⑤ Communicable disease threats report, 9-13 January 2023, week 2[EB/OL].[2023-01-13]. https://www.ecdc.europa.eu/en/publications-data/communicable-disease-threats-report-9-13-january-2023-week-2.

⑥ Cholera-global situation[EB/OL].[2022-12-16]. https://www.who.int/emergencies/disease-outbreak-news/item/2022-DON426.

情[①]。黎巴嫩、海地和马拉维[②]等国家霍乱传播风险为高水平，传至他国的可能性较大。2022 年 10 月 26 日，WHO 风险评估认为：霍乱的全球传播风险非常高[③]。我国周边的印度、巴基斯坦、阿富汗、尼泊尔、孟加拉国和菲律宾发生霍乱疫情。

（六）登革热

登革热影响热带和亚热带地区大部分国家。2022 年，全球报告登革热病例 4 110 465 例，死亡 4099 人。报告病例大部分来自巴西（2 363 490 例）、越南（367 729 例）、菲律宾（220 705 例）、印度尼西亚（125 888 例）和印度（110 473 例）。其中，报告死亡病例分别为印度尼西亚 1082 人、巴西 991 人、菲律宾 722 人、越南 140 人和印度 86 人。东南亚和南亚地区大部分国家登革热活动较 2021 年同期呈上升趋势，如越南、老挝、尼泊尔、孟加拉国、柬埔寨、泰国、新加坡、菲律宾、马来西亚和斯里兰卡等[③]。尼泊尔 2022 年报告病例 54 784 例，死亡 88 人，全国均遭受影响，这是该国规模最大的一次疫情。WHO 风险评估认为：尼泊尔国家的传播风险为高水平[④]。孟加拉国自 2022 年 6 月开始病例数激增，全年报告确诊病例 82 743 例，死亡 302 人，全国均遭受影响，这是该国自 2000 年以来规模第二大的疫情，规模最大的疫情发生在 2019 年[⑤]。

（七）脊髓灰质炎

2022 年，野生型脊髓灰质炎和疫苗衍生型Ⅰ型脊髓灰质炎的流行强度高于上年同期水平，且开始报告疫苗衍生型Ⅲ型脊髓灰质炎病例，疫苗衍生型Ⅱ型脊髓灰质炎的流行强度低于上年同期。截至 2022 年 12 月 13 日，全球 3 个国家报告野生型脊髓灰质炎病例 30 例：巴基斯坦 20 例，阿富汗 2 例，莫桑比克 8 例；死亡 1 例，为巴基斯坦病例。4 个国家报告疫苗衍生型Ⅰ型脊髓灰质炎病例 82 例：刚果（金）48 例，莫桑比克 18 例，

---

① Cholera-Lebanon[EB/OL].[2022-12-19]. https://www.who.int/emergencies/disease-outbreak-news/item/2022-DON416.

② Cholera-Malawi[EB/OL].[2022-11-07]. https://www.who.int/emergencies/disease-outbreak-news/item/2022-DON419.

③ Communicable disease threats report, 23-29 January 2023, week 4[EB/OL].[2023-01-27]. https://www.ecdc.europa.eu/en/publications-data/communicable-disease-threats-report-23-29-january-2023-week-4.

④ Dengue-Nepal[EB/OL].[2022-10-10]. https://www.who.int/emergencies/disease-outbreak-news/item/2022-DON412.

⑤ Dengue-Bangladesh[EB/OL].[2022-11-28]. https://www.who.int/emergencies/disease-outbreak-news/item/2022-DON424.

马达加斯加 13 例，马拉维 3 例。16 个国家报告疫苗衍生型Ⅱ型脊髓灰质炎病例 476 例：刚果（金）210 例，也门 158 例，尼日利亚 42 例，乍得 22 例，尼日尔 13 例，贝宁 10 例，莫桑比克和索马里各 4 例，中非和加纳各 3 例，多哥 2 例，阿尔及利亚、美国、厄立特里亚、埃塞俄比亚和印度尼西亚各 1 例。疫苗衍生型Ⅲ型脊髓灰质炎病例 1 例，为以色列病例[①]。

（八）季节性流感

据 WHO 2023 年 1 月 9 日流感监测报告，全球范围内，流感活动仍在上升，主要在北半球。各亚型中，以甲型为主，甲型流感中甲型 H3N2 亚型占比略升。中亚流感活动上升，以甲型 H1N1 为主，其次为 B 型流感。尽管西亚一些国家报告流感活动上升，但总体流感活动下降，各季节性流感亚型均有检出。东亚流感活动以甲型 H3N2 亚型为主，仍处于低水平，但蒙古国和韩国报告上升。南亚流感活动仍处于低水平，主要是由于伊朗流感活动降低。甲型 H1N1 在南亚部分区域有所检出。东南亚检出乙型流感增多，主要在马来西亚[②]。

（九）儿童不明原因急性肝炎

2022 年 4 月 5 日，英国报告苏格兰中部发现 10 例儿童不明原因的严重急性肝炎病例[③]，之后陆续有国家报告病例。这些病例的临床症状表现为急性肝炎，转氨酶明显升高（AST 或 ALT 大于 500 IU/L），通常伴有黄疸，有时伴有胃肠道症状（腹痛、腹泻和呕吐）。经实验室检测，已排除甲、乙、丙、丁、戊型肝炎病毒导致的可能性，大部分病例显示腺病毒 Adv 阳性，具体原因正在调查中[④]。截至 2022 年 7 月 8 日，WHO 的 5 个区域共 35 个国家报告疑似病例 1010 例，死亡 22 人，46 例（4.6%）需要移植。1010 例疑似病例中，欧洲区域 21 个国家报告可能病例 484 例，占总病例数的 47.9%，其中英国 272 例，占总病例数的 26.9%；美洲区域报告 435 例，占总病例数的 43.1%，其中

① Communicable disease threats report, 11-17 December 2022, week 50[EB/OL].[2022-12-16]. https://www.ecdc.europa.eu/en/publications-data/communicable-disease-threats-report-11-17-december-2022-week-50.

② Influenza update N° 409[EB/OL].[2021-12-20]. https://cdn.who.int/media/docs/default-source/influenza/influenza-updates/2021/2021_12_20_surveillance_update_409.pdf?sfvrsn=8abac64a_7&download=true.

③ Acute hepatitis of unknown aetiology – the United Kingdom of Great Britain and Northern Ireland[EB/OL].[2022-04-15]. https://www.who.int/emergencies/disease-outbreak-news/item/2022-DON368.

④ Multi-country-acute, severe hepatitis of unknown origin in children[EB/OL].[2022-04-23]. https://www.who.int/emergencies/disease-outbreak-news/item/2022-DON376.

美国 334 例，占总病例数的 33.1%；西太平洋区域报告 70 例，东南亚区域报告 19 例，东地中海区域报告 2 例。根据现有数据，腺病毒仍然是病例中最常发现的病原体。在欧洲区域，368 例有检测信息的病例中有 193 例（52.4%）通过 PCR 检测出腺病毒。在日本，58 例有检测信息的病例中有 5 例（8.6%）检测出腺病毒。由于大多数国家对腺病毒的监测有限，很难评估这些比率是否高于人群中的预期比率。目前病因尚不清楚；所获得的流行病学、组织病理学、实验室和临床信息有限；实际病例数和影响范围可能被低估；传播来源和传播方式尚不明确；人际传播仍不能排除。基于以上因素，WHO 风险评估认为：该疾病的全球传播风险为中等水平[①]。

（十）其他主要传染病

1. 黄热病

2021 年 1 月 1 日—2022 年 12 月 7 日，WHO 非洲区域中 13 个国家累计报告确诊病例 203 例、疑似病例 252 例，死亡 40 人，病死率为 8.8%。确诊病例中死亡 23 人，病死率为 11.3%。2021 年报告病例的国家有 9 个，分别是加蓬、喀麦隆、中非、乍得、科特迪瓦、刚果（金）、加纳、尼日利亚和刚果（布），2022 年新增 4 个国家，分别是肯尼亚、尼日尔、塞拉利昂和乌干达。加蓬于 2021 年报告 1 例确诊病例，2022 年没有病例报告。WHO 风险评估认为：非洲区域的传播风险为中等水平，全球传播风险低[②]。

2. 马尔堡病毒病

加纳于 2022 年 6 月 28 日首次报告马尔堡病毒病病例，为西非地区第二次报告（第一次是 2021 年发生在几内亚）。WHO 风险评估认为：加纳的国家传播风险为高水平，区域传播风险为中等水平，全球传播风险低。2022 年 9 月 16 日，加纳宣布疫情结束。该国共报告确诊病例 3 例，死亡 2 人，病死率为 66.7%，所有病例均来自同一家庭[③]。

3. 裂谷热

2022 年 8 月 30 日—10 月 17 日，毛里塔尼亚 15 个区中有 9 个区报告人类感染裂谷热确诊病例 47 例，死亡 23 人，病死率为 48.9%。大部分病例为动物饲养员。该国有 8 个区报告动物疫情，12 个区报告人类或动物病例，其中 9 个区与马里、塞内加尔和阿

① Severe acute hepatitis of unknown aetiology in children-multicountry[EB/OL].[2022-07-12]. https://www.who.int/emergencies/disease-outbreak-news/item/2022-DON400.

② Yellow fever-African region (AFRO)[EB/OL].[2023-01-03]. https://www.who.int/emergencies/disease-outbreak-news/item/2022-DON431.

③ Marburg virus disease-Ghana[EB/OL].[2022-09-26]. https://www.who.int/emergencies/disease-outbreak-news/item/2022-DON409.

尔及利亚接壤。裂谷热病毒在毛里塔尼亚持续传播，该国曾在 1987 年、2010 年、2012 年、2015 年和 2020 年暴发疫情。WHO 风险评估认为：毛里塔尼亚的国家传播风险为高水平，区域传播风险为中等水平，全球传播风险低[①]。

4. 军团菌病

2022 年 8 月 29 日，阿根廷的图库曼省开始报告肺炎病例，截至 2022 年 9 月 3 日，该省报告 11 例重症肺炎病例，死亡 4 人，从 4 例病例样本中分离出军团菌。所有病例均出现双侧肺炎、发热、肌痛、腹痛和呼吸困难等症状。流行病学调查显示均与同一家私营医疗机构有关，8 人为该机构医务人员（死亡 3 人），3 人为该机构患者（死亡 1 人）。WHO 风险评估认为：由于没有明确感染来源，该机构工作和住院人员患病风险为中等水平[②]。

二、生物恐怖袭击

（一）*CTC Sentinel* 杂志发文关注生物恐怖威胁

1. 病毒改造带来潜在生物恐怖威胁

美国西点军校反恐中心《哨兵》（*CTC Sentinel*）杂志于 2022 年 4 月发表文章[③]，关注生物恐怖分子可能利用改造病毒制造生物恐怖。文章认为，基因编辑等工作在治疗遗传病造福人类的同时，也可以用来改造病原体，制造生物恐怖。尤其是 CRISPR-Cas9 系统，其可以快速识别已知入侵者的遗传密码，并在识别后快速消化，使其丧失能力。对特定基因序列进行“复制 / 剪切 / 粘贴”修改，有可能导致生物功能的丧失或增强。因此，反恐界和科学界都必须预测科学进步会如何改变生物恐怖主义威胁的状况。

文章指出，恐怖分子可以改造病原体，从而改变病原体的传染性、潜伏期、致命性等，以达到特定的战术、操作或战略效果。受过训练的人将拥有这种技能和知识，尽管其可能缺乏必要的物质和基础设施支持。因此，有必要发展和保持能够应对各种病原

---

① Rift Valley fever-Mauritania[EB/OL].[2022-10-20]. https://www.who.int/emergencies/disease-outbreak-news/item/2022-DON417.

② Legionellosis-Argentina[EB/OL].[2022-09-05]. https://www.who.int/emergencies/disease-outbreak-news/item/2022-DON407.

③ HERSHFIELD A K, O’ DONOVAN K, BARNHILL J. A new age of bioterror: anticipating exploitation of tunable viral agents[J]. CTC sentinel, 2022, 15(4): 1-6.

体的能力。

2. 呼吁重视生物恐怖主义

CTC Sentinel 杂志 2022 年 5 月出版特刊，呼吁关注全球生物威胁形势[①]。文章认为，鉴于新冠大流行带来的严重影响，应重新评估全球生物威胁格局。目前，旧的生物恐怖主义威胁仍然存在，新的威胁不断产生，威胁主要来自科学家、敌对国家支持的行动者，以及不负责任的试验新生物技术的人员。例如，生物恐怖分子或其他不良行为者可能试图利用生物技术的进步来设计未来流行病。

（二）美国智库探讨未来恐怖主义五大趋势

美国外交政策研究所（Foreign Policy Research Institute）网站 2022 年 9 月 2 日发表分析文章[②]，探讨驱动未来恐怖主义的五大趋势，包括：恐怖主义意识形态多样化、恐怖袭击分散化、恐怖主义大众化、虚假信息的煽动、袭击的致命性。文章特别指出，无人机、3D 打印和自主武器等技术的出现加剧了大规模袭击的威胁，而恐怖分子对包括化学、生物、放射性或核武器在内的大规模杀伤性武器的追求，仍然是一场噩梦。

（三）瑞士日内瓦安全政策中心担忧旅行枢纽发生生物恐怖

瑞士日内瓦安全政策中心（GCSP）网站 2022 年 11 月 14 日发表题为“Delay, Detect，Defend：Preparing for a Future in which Thousands Can Release New Pandemics”的报告[③]。报告认为，造成传染病大流行的生物剂与核武器一样致命，却比核材料更容易获得。新冠疫情已证明，即使是单一的、相对温和的大流行病毒也能造成大范围人员死亡，不亚于核武器。造成传染病大流行的生物剂传播缓慢且杀伤力无差别，可能被恐怖分子获得并故意释放，尤其是在旅行热点区域蓄意并同时释放多种生物剂可能会威胁到文明的稳定。

---

① ACKERMAN G A, KALLENBORN Z, BLEEK P C. Going viral? implications of COVID-19 for bioterrorism[J]. CTC Sentinel, special issue: the biological threat-part two, 2022,15(5):1-12.

② COLIN P C. Five trends driving the future of terrorism[EB/OL]. [2022-09-02]. https://www.fpri.org/article/2022/09/five-trends-driving-the-future-of-terrorism/.

③ KEVIN M E. Delay, detect, defend: preparing for a future in which thousands can release new pandemics[EB/OL]. [2022-11-14]. https://www.gcsp.ch/publications/delay-detect-defend-preparing-future-which-thousands-can-release-new-pandemics.

三、生物战威胁

（一）俄罗斯指责美国在乌克兰开展生物军事化活动

俄乌冲突发生后，俄罗斯国防部 2022 年 3 月 6 日首次公开指控美国在乌克兰部署生物实验室，开展生物军事化活动。截至 2022 年底，俄罗斯国防部先后召开 16 次新闻发布会，指控美国在乌克兰开展生物军事化活动。主要指控内容包括美乌违反《禁止生物武器公约》进行生物武器研发；资助乌克兰建设实验室；美国在乌克兰境内开展生物监测，病原体收集、研究和储存等任务；将乌克兰境内烈性病原体运送回美国及英国、德国、澳大利亚等美国盟国。

（二）*Health Security* 杂志发文探讨未来生物战特征

Health Security（《卫生安全》）杂志 2022 年 1 月 12 日发表的文章指出，随着社会和科学的发展，生物战的特征正经历着一场巨变[①]。文章指出，未来“灰色地带”冲突中的生物攻击战略包括以下几个方面：与之相关联的信息战目标，包括一系列广泛目标，如推翻目标国家的政府；触发对疾病大规模传播的担忧，强调病原体具有高度传染性，即使事实并非如此；引起对严重疾病或死亡的恐惧，暗示可能会使用真正致命的制剂，或将年轻人作为目标，以最大限度地传播恐惧；利用模糊、可否认的起源来为新疾病的暴发埋下恐惧的种子，防止攻击发起者被追溯；起源的未知性有助于在目标人群中制造失控感，同时激起针对目标国家机构的阴谋论；最大限度地制造意外因素（包括暴发的时间和地点、生物剂、运输路线等），以此规避目标国家的任何反制措施；使生物攻击具备心理影响，产生媒体效果；攻击的实际规模要小，以免病原体扩散对攻击发起者及其盟友造成影响。此外，随着人类遗传数据的不断产生，不排除可能会有攻击者根据个人或特定种族群体的基因型来攻击具体目标。

（三）美国战略风险委员会发布《了解新冠疫情背景下的生物武器威胁》报告

2022 年 2 月 17 日，美国战略风险委员会发布《了解新冠疫情背景下的生物武器威胁》报告[②]。报告指出，生物武器将成为许多国家威慑力量的重要组成部分，生物武器

① MILLETT P, ALEXANIAN T, PALMER M J, et al. iGEM and gene drives: a case study for governance[J]. Health security, 2022, 20(1): 26-34.

② REZZONICO A. New report:understanding the threat of biological weapons in a world with COVID-19[EB/OL]. [2022-02-17]. https://councilonstrategicrisks.org/2022/02/17/new-report-understanding-the-threat-of-biological-weapons-in-a-world-with-covid-19/.

是对对手最强大的威慑之一。传染性病原体的破坏潜力，也增强了生物武器作为战略威慑的价值。报告指出，根据各国情报机构的估计，多达 15 个国家可能存在活跃的生物武器活动，活动范围从小规模实验到大规模项目。生物武器的崛起将成为许多国家威慑力量的重要组成部分，或引发更大的安全风险。

（四）美国专家表示美国对生物武器威胁毫无准备

《原子能科学家公报》2022 年 2 月 17 日报道[①]，《原子能科学家公报》科学和安全委员会成员在美国参议院听证会指出，美国政府对于疾病暴发和其他生物威胁的准备工作存在缺陷。专家警告称，美国政府不能只关注新冠这样的疾病，还需要防止美国本土遭到生物武器袭击。

四、生物技术谬用与误用

（一）技术研究进展

1. 美国首次在血管内皮细胞上实现基因编辑

据 2022 年 1 月 4 日消息[②]，美国斯坦利曼儿童研究所的科研人员开发出一种独特的纳米颗粒，可将 CRISPR-Cas9 等基因编辑技术传递到血管壁上的内皮细胞，这是首次在血管内皮细胞上实现基因编辑。该纳米颗粒是一种用于血管内皮细胞基因编辑的新型递送系统，可用于治疗包括新冠病毒感染引起的急性呼吸窘迫综合征在内的多种疾病。研究人员利用该系统插入基因从而抑制血管损伤，促进血管修复，纠正基因突变，打开或关闭基因以恢复正常功能。该系统可同时编辑多个基因，有助于治疗任何由内皮功能障碍引起的疾病。

2. 美国开发出新型体内基因编辑类病毒载体

2022 年 1 月 11 日，美国博德研究所刘如谦团队发表最新研究成果[③]，研究人员开发出工程化的无 DNA 类病毒颗粒（eVLP），可有效包装和递送碱基编辑器和 CRISPR-

---

① FIELD M. Biodefense experts to Congress: the United States is still unprepared for pandemic and bioweapons threats[EB/OL]. [2022-02-17]. https://thebulletin.org/2022/02/biodefense-experts-to-congress-the-united-states-is-still-unprepared-for-pandemic-and-bioweapons-threats/#post-heading.

② ZHANG X, JIN H, HUANG X, et al. Robust genome editing in adult vascular endothelium by nanoparticle delivery of CRISPR-Cas9 plasmid DNA[J]. Cell reports, 2022, 38(1): 110196.

③ BANSKOTA S, RAGURAM A, SUH S, et al. Engineered virus-like particles for efficient in vivo delivery of therapeutic proteins[J]. Cell, 2022, 185(2): 250-265.

Cas9 的核糖核蛋白，能在多种人类和小鼠细胞中进行有效的基因编辑。研究表明，eVLP 递送的碱基编辑可成功编辑 63% 的小鼠肝脏细胞，并将血清中 PCSK9 蛋白的水平降低 78%，还能改善遗传性失明小鼠模型的视觉。该研究表明，eVLP 结合了病毒和非病毒递送的关键优势，能实现高效基因编辑，且具有最低的脱靶效应，可作为一种有潜力的治疗性大分子递送载体。

3. 美国科学家首次实现蜱虫基因编辑

2022 年 2 月 15 日，美国内华达大学、马里兰大学和宾夕法尼亚州立大学的科研团队表示，他们利用CRISPR基因编辑技术首次实现了对蜱虫的基因编辑[①]。研究人员突破了原有挑战，成功验证了两种基因编辑方法对蜱虫基因改造的可能性。一种方法是通过向蜱虫卵子注射 CRISPR-Cas9 复合物，使该复合物携带的酶在基因组的特定位置切割 DNA，从而删除两个不同的基因，蜱虫卵存活率为 10%；另一种方法是利用 CRISPR-Cas9 将一种肽注射到怀孕的雌蜱体内，将复合物输送到发育中的卵巢，以编辑蜱虫后代的基因组，蜱虫可全部存活。

4. 美国研究人员开发出新版本基因编辑工具

2022 年 3 月 2 日，美国得克萨斯大学奥斯汀分校的科学家在《自然》（*Nature*）杂志发表研究成果[②]，他们重新设计了一种基于 CRISPR 的基因编辑工具 Cas9 的关键组成部分，开发出新版本的基因编辑工具 SuperFi-Cas9。该版本产生错误 DNA 片段的可能性是原始版本的 Cas9 的 1/4000，更加安全，且速度和效率与原始版本相同。研究人员已证明该工具在试管 DNA 中的应用，他们正在计划在活细胞中测试 SuperFi-Cas9 基因编辑技术，致力于开发更安全的 Cas9 版本。

5. 北京大学开发出更安全的新型基因编辑酶 Cas9TX

2022 年 3 月 8 日，北京大学生命科学学院、清华大学－北京大学生命科学联合中心胡家志课题组及合作者在《自然·通讯》上发表研究文章[③]，揭示了基因编辑过程中染色体易位产生的分子机制，并有针对性地设计和开发了安全性大幅提高的新型基因编辑酶 Cas9TX。Cas9TX 能抑制基因编辑过程中染色体易位、大片段缺失等染色体结构异常的产生，大大提高基因编辑的安全性，其编辑过程中的 DNA 损伤被降低到与目前

① SHARMA A, PHAM M N, REYES J B, et al. Cas9-mediated gene editing in the black-legged tick, ixodes scapularis, by embryo injection and ReMOT control[J]. Iscience, 2022, 25(3):103781.

② BRAVO P K J, LIU M S, HIBSHMAN N G, et al. Structural basis for mismatch surveillance by CRISPR–Cas9[J]. Nature, 2022, 603(7900): 343-347.

③ YIN J, LU R, XIN C, et al. Cas9 exo-endonuclease eliminates chromosomal translocations during genome editing[J]. Nature communications, 2022, 13(1): 1204.

公认最安全的碱基编辑器相当的水平。

6. 美国发布近 10 万个全基因组序列数据集

2022 年 3 月 17 日，美国国立卫生研究院（NIH）发布首个包含近 10 万个全基因组序列的数据集[①]。该数据集具有高度多样性，近半数来自欧洲血统之外的种族或族裔群体的基因信息。此外，该数据集还包含参与者的电子健康记录、居住社区等详细信息。这种组合数据使研究人员能够更好地了解基因在其他因素影响下的致病过程与方式，为所有人群提供更精确的医疗保健方法，帮助研究人员解决有关健康和疾病的问题，通过新突破或新发现减少健康差异。目前，该数据可通过 NIH 的云平台“我们所有人（All of Us）”获取。

7. 新型基因组编辑技术扩大 CRISPR/Cas 系统的靶标范围

Science Daily 网站 2022 年 3 月 29 日报道称[②]，加拿大多伦多大学的研究人员研究出一种基因组编辑技术，可在保留了局部特异性的同时，允许目标 DNA 的微小变化，这可能有助于实现基于 CRISPR/Cas 的基因治疗和病原体诊断。该技术使用通用碱基代替构成 CRISPR 引导 RNA 的 4 个碱基中的一个或多个，在诊断领域具有广阔的应用前景。研究人员在 8 种艾滋病毒变体中测试了该系统的功能，每种变体对目前的抗病毒药物有不同程度的耐药性。没有通用碱基的标准引导 RNA 仅检测到 8 种变体中的 3 种，而替换了 3 种通用碱基的系统则能检测到所有 8 种变体。此外，研究人员还对 CRISPR/Cas 系统进行修改，以精确识别和剪切 DNA 序列，避免如剪切错误序列或发生不必要的突变等情况。

8. 全球公布首个完整无间隙人类基因组序列

2022 年 3 月 31 日，被誉为生命科学“登月计划”的人类基因组测序再次取得重大进展[③]。这是对标准人类参考基因组，即 2013 年发布的参考基因组序列（GRCh38）的“重大升级”。《科学》杂志连发 6 篇论文报告这一成就。研究人员称，这一完整的、无间隙的序列对了解人类基因组变异的全谱和了解某些疾病的遗传贡献至关重要。

---

① All of Us research program investigators. The “All of Us” research program[J]. New England journal of medicine, 2019, 381(7): 668-676.

② THOMAS G P, MICHEAL A, BROWN K R, et al. Genetic interaction mapping and exon-resolution functional genomics with a hybrid Cas9–Cas12a platform[J]. Nature biotechnology, 2020, 38(5): 638-648.

③ NURK S, KOREN S, RHIE A, et al. The complete sequence of a human genome[J]. Science, 2022, 376(6588): 44-53.

9. 研究人员开发出可提高基因编辑效率并减少 DNA 删除的方法

据 phys.org 网站 2022 年 5 月 2 日消息[①]，美国维克森林大学再生医学研究所（WFIRM）研究人员将 DNA 聚合酶 I 或 Klenow 片段与 Cas9 酶相融合，可以最大限度地减少不可预见的大面积基因组 DNA 删除，而不会降低基因组编辑效率，并提高了人原代细胞的编辑效率。

10. 新型超分子 CRISPR-Cas9 载体使基因组编辑更加高效

据 phys.org 网站 2022 年 5 月 11 日消息，日本熊本大学研究小组利用胺化聚轮烷（PRX）构建了一个高度灵活的 CRISPR-Cas9 载体，它不仅能与 Cas9 结合并将其带入细胞，还能保护其不在细胞内降解。该载体为该研究团队开发的氨基 -PRX 第五代载体，该载体能与 Cas9 RNP 有效复合并使其通过细胞膜传递。此外，该载体还具有低细胞毒性等特点，使其成为安全和高效递送载体。该载体下一步还可用于其他分子的递送，如酶、抗体和小干扰 RNA（siRNA）等[②]。

11. 科学家开发出无须病毒载体的高效 CRISPR 系统

据 phys.org 网站 2022 年 8 月 25 日消息，根据 *Nature Biotechnology*（《自然・生物技术》）杂志上发表的一项研究，CRISPR-Cas9 基因编辑系统的一个新变体使重新设计大量细胞用于治疗变得更加容易。研究团队新开发的这种方法能够以非常高的效率将特别长的 DNA 序列引入细胞基因组的精确位置，而不需要传统上的用来携带 DNA 进入细胞的病毒传递系统。研究人员通过在末端添加一小段双链 DNA，开发出了一种将修饰的 Cas9 酶附着在单链模板 DNA 上的方法。与以往的双链方法相比，单链模板 DNA 可以使基因编辑的效率提高一倍以上[③]。

12. wMel 释放计划降低了巴西里约热内卢登革热和基孔肯雅病的发病率

此前的随机和非随机试验表明，将来自昆虫细菌 Wolbachia（沃尔巴克氏体，wMel）的遗传物质引入埃及伊蚊种群可以降低登革热的发病率。但在地方性环境中，大规模部署 Wolbachia 感染的蚊子用于控制虫媒病毒疾病的实际效果的证据仍然缺乏。2022 年 9 月 28 日，《柳叶刀》（*The Lancet*）杂志发表的一项研究指出，2017 年在巴西

---

① Wake Forest University Baptist Medical Center. Team develops method to increase gene editing efficiency while minimizing DNA deletion sizes[EB/OL]. [2022-05-02]. https://phys.org/news/2022-05-team-method-gene-efficiency-minimizing.html.

② Kumamoto University. Novel supramolecular CRISPR–Cas9 carrier enables more efficient genome editing[EB/OL]. [2022-05-11]. https://phys.org/news/2022-05-supramolecular-crisprcas9-carrier-enables-efficient.html.

③ SARAH W. A cellular engineering breakthrough: high-yield CRISPR without viral vectors[EB/OL]. [2022-08-25]. https://phys.org/news/2022-08-cellular-breakthrough-high-yield-crispr-viral.html.

里约热内卢实施了一项大规模的 wMel 释放计划。该研究旨在评估这一计划对该市登革热和基孔肯雅病发病率的影响。研究使用了时空明确的数学模型，分析了 2010—2019 年的登革热病例（N=283 270）和 2016—2019 年的基孔肯雅病例（N=57 705）情况。结果显示，在首次释放后 1 ~ 29 个月，从释放区收集的蚊子中，平均有 32% 的蚊子 wMel 检测呈阳性；在登革热和基孔肯雅病发病率最高的月份，wMel 检测阳性的蚊子减少到 25%。释放后，登革热发病率减少 38%，基孔肯雅病发病率减少 10%。结果表明，在里约热内卢这个地理上多样化的城市环境中，wMel 的稳定建立比在其他地方观察到的更复杂，中等水平的 wMel 能减少上述两种疾病的发病率。

13. 研究人员开发出基于 Cas12c 的特异性核酸检测平台

据 Phys.org 网站 2022 年 12 月 28 日报道，中国科学院武汉植物园的研究人员重新构建了 CRISPR 和 CRISPR/Cas 蛋白系统，开发了一种新型的、灵敏的、特异性的基于 Cas12c 的核酸检测平台（Cas12c-DETECTOR），可作为一种革命性的靶向基因组修饰平台和核酸检测工具，相关研究结果发表在《国际生物大分子杂志》上①。研究人员通过优化 Cas12c-DETECTOR 的单向导 RNA（sgRNA）结构、gRNA 长度和反应缓冲液，比较了 Cas12c 和 Cas12a 的敏感性和特异性。结果表明，Cas12c 用于核酸检测时，其敏感性和特异性更高。优化的 Cas12c-DETECTOR 还可用于新冠疫情、人类乳头瘤病毒（HPV）和植物病原菌丁香假单胞菌的检测，以及不同位点的单核苷酸多态性（SNPs）的鉴定。

（二）生物技术风险事件和风险性评估

1. CRISPR 基因编辑会导致可遗传的基因组结构突变

2022 年 2 月 2 日，瑞典乌普萨拉大学的研究人员在 *Nature Communications*（《自然・通讯》）杂志发表文章称，CRISPR-Cas9 基因编辑会导致 DNA 发生不可预见的结构突变，而且这些结构突变可以被下一代遗传。研究团队通过显微注射 RNP（gRNA+Cas9）对斑马鱼的受精卵进行基因编辑，然后对这些编辑后的第一代斑马鱼和它们的下一代进行基因组测序。研究团队使用长读长纳米孔测序对两代共 1100 多条斑马鱼进行基因组测序，以验证 CRISPR-Cas9 对目标位点附近和其他脱靶位点产生的编辑情况，结果发现了大量各种类型的意外基因突变。研究结果显示，第一代斑马鱼中大约有 6% 出现了基因组结构变异（插入或缺失片段≥ 50 bp），这些结构变异既有

① ZHANG N N. Researchers develop specific and sensitive Cas12c-based nucleic acid detection platform[EB/OL]. [2021-12-28]. https://phys.org/news/2021-12-specific-sensitive-cas12c-based-nucleic-acid.html.

位于目标位点的，也有位于脱靶位点的；而第二代斑马鱼中有 26% 携带了脱靶突变，9% 携带了结构突变。研究团队表示，CRISPR-Cas9 导致的这些意外突变是可遗传的，可能会对后代的生长产生长期影响。因此，该研究认为，将 CRISPR-Cas9 应用于临床治疗前要谨慎和仔细验证[①]。

2. *Gene Therapy* 刊文探讨病毒载体工程的两用性问题

Gene Therapy（《基因治疗》）杂志于 2022 年 3 月 10 日发表文章[②]，探讨病毒载体工程的两用性问题。该文章指出，优化病毒载体（如非遗传修饰方法、腺病毒载体等非遗传载体修饰）及其特性对提高临床基因治疗的有效性和安全性至关重要，但此类研究也可能被用于改造病原体的免疫调节通用遗传元件，或针对抗体进行衣壳蛋白改造等，使病原体产生免疫逃逸导致新的大流行。

3. CRISPR 治疗的杜氏肌营养不良症患者在治疗过程中死亡

2022 年 10 月，全球唯一一名参与 CRISPR 基因编辑疗法的患有杜氏肌营养不良症的志愿者，在治疗过程中死亡。杜氏肌营养不良症是一种罕见的遗传性肌肉萎缩疾病，由肌营养不良蛋白编码基因产生的突变引起。它会影响所有肌肉，使活动能力丧失，最终导致呼吸和心脏衰竭，患者通常会在 30 岁之前死亡。2017 年，由耶鲁大学、马萨诸塞大学、查尔斯河实验室等专业人员组成的研究团队开发了一种为名为 CRD-TMH-001 的基因突变治疗方法，该方法于 2022 年 8 月被美国食品药品监督管理局（FDA）批准进行临床试验，成为 CRISPR 疗法的首次人体试验。该疗法为一次性静脉注射给药，患者接受治疗后将进行为期 15 年的随访。2022 年 10 月，患者死亡，原因尚不明确。患者死亡后再次引发科学界对 CRISPR 安全性的质疑。

（三）生物技术风险和监管政策

1. 美国国会研究服务部发布《全球传染病：备受关注的功能获得性研究》报告

2022 年 1 月 19 日，美国国会研究服务部发布《全球传染病：备受关注的功能获得性研究》报告，该报告探讨了功能获得性研究的风险及收益、当前的监督机制、新冠病毒感染和功能获得性研究，并展望未来。该报告指出，有人认为功能获得性研究可更好地了解病毒是如何进化的，以便为新出现的病原体制定更好的医疗对策；有人认

① HÖIJER I, EMMANOUILIDOU A, ÖSTLUND R, et al. CRISPR-Cas9 induces large structural variants at on-target and off-target sites in vivo that segregate across generations[J]. Nature communications, 2022, 13(1): 627.

② SANDBRINK J B, ALLEY E C, WATSON M C, et al. Insidious insights: implications of viral vector engineering for pathogen enhancement[J]. Gene therapy, 2022: 1-4.

为风险大于潜在利益，应考虑替代实验。报告还指出，国家生物安全科学咨询委员会（NSABB）是一个联邦咨询委员会，负责处理与生物安全和两用性研究有关的问题。然而，新冠疫情打乱了 NSABB 的活动。美国政府问责局目前正在对美国卫生与公众服务部（HHS）的高风险研究监督工作进行审查。

2. 美国政府将重新审视涉及高风险病毒研究的联邦政策

Science 网站 2022 年 3 月 1 日发布的文章称，美国白宫和 NIH 要求 NSABB 开展审查，研究美国是否应资助在国外进行的高风险病原体研究，并禁止为高风险实验提供资金。将面临审查的实验包括两类：功能获得性研究和两用性研究。

认为美国对潜在风险研究的监督过于宽松的研究人员对此次审查表示欢迎，其担心实验室中病原体意外逃逸，甚至被故意释放，尤其是功能获得性研究。但部分 NSABB 成员和外部科学家则认为，审查可能会限制美国对抗击新冠病毒和未来大流行病研究的支持。

3. 美国发布人类基因编辑疗法指导文件

FDA 2022 年 3 月 15 日发布了一项涉及人类基因组编辑的人类基因治疗产品指导文件草案，名为《人类基因治疗产品（包含人类基因组编辑）指南》。

该草案所指的人类基因组编辑，包括在人类体细胞基因组的特定位置进行添加、删除、改变或替换 DNA 序列，包含体外编辑和体内编辑。FDA 采用科学的方法评估人类基因组编辑产品，权衡每种产品的益处和风险。益处和风险取决于适应证和患者人群、治疗益处和持续时间，以及替代治疗方案的可用性。与人类基因组编辑方法相关的一些特定风险有脱靶编辑、意外后果及未知长期影响。在该草案中，FDA 向涉及人类体细胞基因组编辑的人类基因治疗产品的研究团队提出指导建议，主要是在研新药（IND）申请所需提供信息的建议，包括产品设计、制造、测试、临床前安全评估和临床试验设计，以便于评估这些研究性基因治疗产品的安全性和质量。

4. 印度宣布放宽基因组编辑植物的审批规范

2022 年 3 月 30 日，印度宣布放宽基因组编辑植物的审批规范，对 SDN1（以基因删除为主）和 SDN2（以点突变为主）这两类基因编辑作物不需由基因工程审批委员会（GEAC）依据转基因生物（GMO）法规进行审批，改为依靠机构生物安全委员会管理，其只需认定该基因编辑作物没有引入任何外来 DNA 即可[①]。

① Government of Indiaministry of Science & Technologydepartment of Biotechnology. Standard operating procedures for regulatory review of genome edited plants under SDN1 and SDN-2 categories, 2022[EB/OL]. [2022-10-04]. https://www.iari.res.in/files/Latest-News/Standard_Operating_Procedures_SDN1_and_SDN2_07102022.pdf.

基因工程审批委员会负责对大规模转基因生物及产品的审查和许可，包括研发、生产、释放与应用等。未经基因工程审批委员会批准的转基因生物不得用于生产或其他用途，也不得释放到环境中。机构生物安全委员会是由研究机构和政府部门共同构成的复合型监督机构，任何转基因研究与应用均需成立，其主要职责是对本单位的转基因研究进行监督和批准，任何转基因活动都必须提前向机构生物安全委员会通报。

5. 专家呼吁美国政府对功能获得性研究进行更严格的管理

Nature 上 2022 年 4 月 27 日发表的一篇文章指出①，在 NIH 组织的公众听证会上，研究人员和生物安全专家呼吁美国政府对政府可能资助的、会使病原体更具传播性或致命性的实验发布更明确的指导。专家提出如下建议：一是对危险病原体研究进行更严格的监督。二是将卫生与公众服务部的咨询小组方法扩展到其他美国实体，因为这些机构都在研究潜在危险病原体，其应该遵守同样的准则，如制药公司、慈善机构和联邦机构（包括能源部、农业部和国防部）等。三是建立举报机制或热线，以便在研究出现失误或发现有人正在开发毒性分子用于非治疗用途时可以及时报告。四是各高等院校加强对理科学生的伦理培训，并将范围扩大到其他学科，尤其是计算机专业的学生，使他们在职业生涯的早期阶段就意识到人工智能被滥用的可能性，并了解其广泛的潜在影响。

6. 领域专家建议加强美国政府的增强型潜在大流行病原体框架和两用性研究政策

美国约翰·霍普金斯卫生安全中心 2022 年 7 月 8 日发布消息，一个由资深科学家、公共卫生专家和政策研究人员组成的小组②向白宫国家安全委员会和科技政策办公室、NIH 和 NSABB 提交建议，加强对涉及增强型潜在流行性病原体（enhanced potential pandemic pathogen，ePPP）和生命科学两用性研究的监督。建议主要包括：修改和扩大受 ePPP 框架管辖的病原体范围；评估并详细说明实验的风险和益处；澄清和调整审查、沟通、生物安全和生物安保及透明度的程序；修订美国政府的“受关注的两用性研究”政策，扩大其范围并明确要求。

7. WHO 发布《负责任地使用生命科学全球指导框架：降低生物风险和管理两用性研究》

2022 年 9 月 13 日，WHO 发布《负责任地使用生命科学全球指导框架：降低生物

① KOZLOV M. Risky ‘gain-of-function’ studies need stricter guidance, say US researchers[J]. Nature, 2022, 605(7909): 203-204.

② The Johns Hopkins Center for Health Security. Group of scientists, public health experts, policy researchers propose strengthening of US government’s enhanced potential pandemic pathogen framework and dual use research of concern policies[EB/OL]. [2022-07-08]. https://www.centerforhealthsecurity.org/news/center-news/2022/2022-07-08-ePPP-sign-on-letter.html.

风险和管理两用性研究》[①]。2022 年 2 月 22 日，WHO 曾发布该框架草案，并公开征求意见[②]。该框架旨在为支持会员国和主要利益攸关方减少和预防生物风险并为管理两用性研究提供价值观、原则、工具和机制。该框架主要面向的人员为负责生物风险治理的人员，如负责制定国家政策以利用生命科学的潜在益处同时抑制其风险的决策者和监管者，以及科学家、研究机构、教育者、培训者、项目管理人员、资助机构、出版商、编辑、安全行为者、私营部门等。

五、物种生物安全

（一）国际杂志发文称入侵植物物种呈指数增长[③]

2022 年 10 月 31 日，《生态应用》（*Ecological Applications*）杂志刊载美国马萨诸塞大学研究人员的文章，认为入侵植物会对当地生态造成毁灭性的影响，堪比全球变暖造成的影响，但目前对世界上有多少入侵植物物种并不了解。

研究人员认为，阻止物种入侵的最有效方法是停止引入，因此需要明确哪些物种是侵入性的，但目前仍有入侵物种未被列入全球入侵植物名单，存在潜在风险。文章研究发现，入侵物种的数量呈指数增长，没有开始稳定的迹象。尽管该团队发现了 5893 篇论文中报告的 3008 个入侵物种，但他们的统计模型显示应该有 4721 个入侵物种，缺失的 1713 个入侵物种具体是什么还有待进一步分析。

（二）近两年我国海关截获海量有害物种

1. 2021 年我国海关截获有害生物 59.08 万种次

2022 年 1 月 23 日，海关总署发布消息称，2021 年，海关组织开展“国门绿盾”专项行动，在寄递、旅客携带物渠道截获外来物种等活体动植物 8473 批次，同比增长 98.43%。全年截获有害生物 59.08 万种次、检疫性有害生物 6.51 万种次，首次检出致

① World Health Organization. Global guidance framework for the responsible use of the life sciences: mitigating biorisks and governing dual-use research[EB/OL]. [2022-09-13]. https://www.who.int/publications/i/item/9789240056107.

② World Health Organization . WHO global guidance framework for the responsible use of the life sciences-closed[EB/OL]. [2022-09-13]. https://www.who.int/news-room/articles-detail/call-for-comments---who-global-guidance-framework-for-the-responsible-use-of-the-life-sciences.

③ LAGINHAS B B, FERTAKOS M E, BRADLEY B A. We don’t know what we’re missing: evidence of a vastly undersampled invasive plant pool[J]. Ecological applications, 2022,33(2): e2776.

死粒线虫、铃兰短体线虫等 4 种危险性有害生物，并将番茄褐色皱果病毒等 5 种有害生物增补入《进境植物检疫性有害生物名录》。

2. 2022 年上半年我国海关截获检疫性有害生物 3.1 万种次

海关总署于 2022 年 7 月 25 日发布的数据显示，2022 年上半年，全国海关共截获检疫性有害生物 173 种、3.1 万种次，并首次从进境种苗中截获光滑拟毛刺线虫、波斯茎线虫。数据显示，海关组织实施国门生物安全监测计划，上半年在口岸对 144 种动物疫病和 701 种有害生物实施监测，从旅客携带、寄递等渠道截获活体动植物 2925 批次，包括大头弓背蚁、爪哇短胸天牛、荚欧鼠尾草等多种外来物种。

（三）我国完善外来物种入侵法律法规

1. 我国四部门颁布《外来入侵物种管理办法》

我国于 2022 年 8 月 1 日起实施《外来入侵物种管理办法》，该办法由农业农村部、自然资源部、生态环境部、海关总署联合颁布，是继《中华人民共和国生物安全法》后我国在维护国家生物安全及保护物种多样性领域的又一重要举措。该办法明确加强外来入侵物种管理的总体思路是坚持风险预防、源头管控、综合治理、协同配合、公众参与等，突出重点领域和关键环节，建立健全管理制度，强化联防联控、群防群治，全面提升外来入侵物种管理水平。

2. 我国六部门发布《重点管理外来入侵物种名录》

2022 年 12 月，我国国家林草局、农业农村部、自然资源部、生态环境部、住房和城乡建设部、海关总署共同发布《重点管理外来入侵物种名录》。《重点管理外来入侵物种名录》包含植物、昆虫、植物病原微生物、植物病原线虫、软体动物、鱼类、两栖动物、爬行动物等 8 个类群 59 种。其中，植物有紫茎泽兰、藿香蓟、空心莲子草等 33 种，昆虫有苹果蠹蛾、红脂大小蠹、美国白蛾等 13 种，植物病原微生物有梨火疫病菌、亚洲梨火疫病菌等 4 种，植物病原线虫有松材线虫 1 种，软体动物有非洲大蜗牛、福寿螺等两种，鱼类有鳄雀鳝、豹纹翼甲鲶、齐氏罗非鱼等 3 种，两栖动物有美洲牛蛙 1 种，爬行动物有大鳄龟、红耳彩龟等两种。《重点管理外来入侵物种名录》将自 2023 年 1 月 1 日起正式施行。

（军事科学院军事医学研究院　陈婷、林梦宣）

（中国人民解放军疾病预防控制中心　李晓倩）

（中国科学院武汉文献情报中心　梁慧刚、黄翠）

第二章　全球生物安全治理

2022 年，全球生物安全治理冲云破雾，取得一定进展。国际生物安全形势严峻，生物安全威胁复杂多样，传统与非传统挑战交织叠加。美国、澳大利亚等国家出台生物安全防御新举措，积极推动国家生物安全能力建设;《禁止生物武器公约》（简称《公约》）第九次审议会议（简称“九审会”）举行，达成最后宣言，全球生物安全治理取得可喜成绩。但新冠疫情余波未断，“乌克兰冲突”持续拉锯，生物军控领域对抗趋势更加突出，各国在国际援助与合作、核查机制建设等核心关切方面仍存在较大分歧。多方博弈局面削弱了国际合力，全球治理效能受到影响。

一、多国出台生物安全防御新举措

各国从政策法规、战略制定、计划推行等角度出台生物安全防御新举措，以加强国家生物安全能力建设。

（一）美国将流行病和生物防御列为优先事项

美国政府 2022 年发布的新版《国家安全战略》将流行病和生物防御视为全球共同面临的严峻挑战。该战略指出，大规模疫情暴发时允许各方做出疫情准备的窗口期很短，加强国家生物防御能力是必然之策。在国家层面，美国需为灾难性生物风险做好准备，具体举措包括：改善预警和疾病监测、数据共享和分析预测；加速医疗对策及生物防御产品的生产制造；解决分配不公平问题。在国际层面，加强与他国合作，扩大公共卫生数据分享范围，提高透明度，推进疫情备灾模式和规则改革，积极应对蓄意和意外生物风险，提升病原体快速检测和生物剂识别技术水平，以及医疗对策研发能力。此外，该战略特别提及，美国将与盟国合作，共同加强公约履约，遏制他国实施生物战的能力；防止恐怖分子获取或使用生物武器；加强反对发展和使用生物武器的国际规则，减少两用生物技术风险，建立和加强国际生物安全和生物安保规则。

该战略是 2021 年 3 月美国政府《国家安全战略临时指南》的延续和补充，其将疫情应对纳入考量范畴，强调了国家对生物安全风险的应对能力准备及生物防御能力建设，反映了美国未来国家生物安全能力建设的基本态度和方向，对未来美国在生物领域的预算制定、投资及外交产生较大影响[①]。

（二）美国新版国家生物安全战略聚焦多源事故防范

2022 年 10 月 18 日，美国总统拜登签署第 15 号国家安全备忘录（NSM-15），发布《国家生物防御战略和实施计划》，主要内容包括：前言、愿景、威胁和后果、生物风险管理、设想、结论等共 8 个部分，详细阐明了美国国家生物防御战略的形势、目标及任务。

一是形势判断。该战略明确，无论是自然发生、偶然发生，还是蓄意造成的生物事件，都是美国和国际社会面临的最严重威胁之一，美国将蓄意生物事件、流行病的防备及全球卫生安全作为国家安全的优先事项；生物事件的发生，不是可能性大小问题，而是时间早晚问题，并得出生物威胁持续存在、生物威胁来源多样、疫情无国界、生物事件破坏关键基础设施和供应链、多部门和多边合作至关重要、坚持“同一健康”理念能够减少危害、全球科技持续发展影响深远等 7 个基本战略判断。

二是目标设定。该战略指出，美国将采取多部门和跨学科协作的方法，从评估、预防、准备、应对、恢复等 5 个方面应对生物威胁，保护美国民众免受新发突发传染病暴发流行、生物恐怖袭击和生物武器扩散等重大危害；新冠疫情证明，生物威胁可造成世界性影响，给美国和全球民众生命健康及社会经济发展造成巨大破坏，美国决心与世界各国和国际组织开展广泛而深入的合作，从源头上有效预防和控制多样化生物威胁。

三是任务安排。该战略强调，建立全链条、全政府、全球化的生物安全防御体系，以及应对生物威胁和事件的分级分层风险管理方法，制定主动监测（加强风险监测、助力生物防御决策）、先机管控（增强生防能力、预防生物事件）、系统预置（充分做好准备、降低生物事件影响）、高效响应（快速有效应对、控制生物事件危害）、增强弹性（促进事后恢复、消除事后连锁影响）共五大类、23 个具体目标任务，在实施计划

① The White House. National security strategy[EB/OL]. (2022-10-12) [2023-03-16]. https://www.whitehouse.gov/wp-content/uploads/2022/11/8-November-Combined-PDF-for-Upload.pdf.

中细化了每项目标任务建设内容和责任部门[①]。

（三）美国政府明确未来传染病大流行防范计划优先事项

2022 年 9 月，美国总统行政办公室发布传染病防范计划年度总结报告。该报告名为《美国传染病大流行防范计划实施进展年度报告》，由美国国家科学技术委员会、白宫传染病大流行防范创新指导委员会撰写。报告梳理了美国政府在应对新冠疫情期间的应急科研布局及取得的成效，明确了未来计划的优先事项。

报告认为，未来美国传染病大流行预防战略的重中之重仍是持续推动突破创新，降低生物威胁影响。战略层面的核心目的涉及两个方面，一是利用现有能力应对传染病威胁，借鉴季节性流感、乙肝、丙肝、非洲猪瘟等现有传染病响应措施，建立疫情响应机制，并演练检验响应机制有效性；二是动用全政府资源，支持私营领域创新发展。美国政府应立足全局，从战略层面全面审视传染病大流行创新生态系统及防范技术能力研发布局，确保公平公正且资源分配合理科学。

具体措施建议包括以下 5 个方面。一是传染病大流行应对能力准备，涉及疫苗、药物、诊断方法和临床试验。二是监测预警及态势感知能力建设，包括完善数据基础设施、提升数据分析能力、加强隐私保护技术研发，辅助实时决策和政策制定；制定和完善数据标准，提高数据互操作性、安全性和代表性，注重隐私保护。三是公共卫生系统能力建设，包括建立全国健康知识研究与响应系统，树立和维护政府公共卫生系统公信力，构建囊括社区、州、国家合作伙伴及新闻媒体等多部门的沟通网络等。四是核心能力建设，包括完善医疗服务网络、鼓励生产体系创新、优化个人防护装备设计、减少建筑物环境内疾病传播、支持投资创新。五是运行机制准备，包括组建传染病大流行快速响应小组，制定应急研究响应程序，结合实战演练，验证和提高响应能力[②]。

（四）美国推进阿波罗生物防御计划

2022 年 4 月 12 日，美国生物安全领域智库——两党生物防御委员会发布《雅典娜议程——推进阿波罗生物防御计划》报告，向国会和政府提出美国如何在 10 年内结束

① The White House. National biodefense strategy and implementation plan[EB/OL]. (2022-10-12) [2023-04-16]. https://www.whitehouse.gov/wp-content/uploads/2022/10/National-Biodefense-Strategy-and-Implementation-Plan-Final.pdf.

② White House Steering Committee for Pandemic Innovation of the National Science and Technology Council. First annual report on progress towards implementation of the american pandemic preparedness plan. September 2022[EB/OL]. (2022-09-09) [2023-03-18]. https://www.whitehouse.gov/wp-content/uploads/2022/09/09-2022-AP3-FIRST-ANNUAL-REPORT-ON-PROGRESS.pdf.

疫情大流行的具体建议。报告指出，美国目前的生物防御能力难以应对日益严峻的生物威胁，“雅典娜议程”可为该计划的具体实施提供指导。具体建议包括：全面实施《国家生物防御蓝图》；全面实施生物防御计划或同等项目；提供经费拨款；编制新冠疫情报告；完善监管流程和政策，在突发生物事件前、中、后期快速授权或批准创新技术；制定家庭检测试剂和药物的分发战略和实施计划；支持突发生物事件应急公共卫生研究；改善风险沟通方式，建立公众信任。

具体关注事项和攻关技术包括：政府治理、开发原型病原体候选疫苗、在疫情暴发前开发新药物、发展制药业、开发无针注射药物和疫苗、提高测序能力和通量、开发微创和无创感染检测、开发大规模多路复用检测能力、开发快速个人诊断平台、建立数字病原体监测系统、开发国家公共卫生数据系统、建立国家病原体监测和预测中心、开发新一代个人防护装备、抑制病原体室内传播、建立综合实验室生物安全和生物安保系统、研发阻止和预防生物攻击的技术[①]。

（五）澳大利亚发布首个国家生物安全战略

2022 年 8 月，澳大利亚发布首份《国家生物安全战略》，旨在构建生物安全风险防范体系，保护澳大利亚及其国民免受生物安全威胁。该战略以澳大利亚 2018 年发布的《国家生物安全声明》为依据，在详述国内外生物安全形势的基础上，提出该国各部门在六大安全领域采取的 5 个关键行动。

一是共享生物安全文化。具体措施包括：将生物安全课程引入教育体系；鼓励合法合规的生物安全行为和做法；完善国家信息沟通、事件参与和报告机制；将生物安全纳入决策制定、风险评估及业务规划需要着重考量的因素范畴。二是开展合作。在国内层面，紧密与原住民之间的沟通联系；在区域层面，加强专业及专业领域团体之间的合作；在国际层面，深化伙伴关系和能力建设，加强对抗菌素及人畜共患病传播途径的研究了解，协助制定全球标准和规则。三是培养高技能人才。主要措施包括：明确关键技术领域的人才需求、制定国家劳动力发展战略和专业发展规划。四是提高体系响应能力。主要措施包括：定期开展生物安全事故防备演习；及时评估和更新风险数据；善于吸取历史经验教训；加强事件追溯机制建设；加强国家监测体系构建；完善国家信息管理机制。五是确保资金支持的可持续性。主要措施包括：完善优先投资领域评定机制；

① The Bipartisan Commission on Biodefense. The Athena agenda: advancing the apollo program for biodefense[EB/OL]. (2022-04-16) [2023-03-26]. https://biodefensecommission.org/wp-content/uploads/2022/04/Athena-Report_081722_web.pdf.

推进实施利益相关方共同投资方案；提升生物安全投资利用透明度；研发绩效评估框架[①]。

（六）哈萨克斯坦发布生物安全法

2022 年 3 月 30 日，哈萨克斯坦议会通过了《哈萨克斯坦共和国生物安全法》，该法案共有 8 章 32 条，主要目标是保护民众免受生物威胁。哈萨克斯坦议会议员门拜在会议上介绍了法案的起草工作及其内容。他表示，制定该法案的目的是完善国家对生物安全的监督和管理；完善在生物安全领域的应对措施；确定在生物安全领域国际合作的优先方向，特别是在发生紧急情况下的信息交换机制；完善病原体使用许可发放制度。哈萨克斯坦卫生部之前曾表示，2022—2024 年，政府将拨款 250 亿坚戈（约合 5500 万美元）落实法案中的相关措施，其中包括提高相关从业人员的社会保障、更新国家实验室设施、打造统一信息平台和完善微生物储存条件等[②]。

二、国际生物安全治理领域合作与斗争同在

大规模疫情、生物武器等生物安全问题表现出来的全球联动效应及其影响的深远性，引发全球对国际合作的高度关注。以公约为核心的国际生物军控多边进程为各国协同参与全球生物安全治理提供了重要平台，取得了一定进展。但在“乌克兰危机”背景下，大国关系出现新调整，地缘政治给生物军控带来更多挑战和不确定性，博弈与斗争仍然激烈。

（一）国际生物军控多边进程取得重要进展

1.《公约》九审会达成最后宣言

《公约》九审会于 2022 年 11 月 28 日—12 月 16 日在瑞士日内瓦召开，共 137 个缔约国代表团、2 个签约国（埃及和叙利亚）参会；科摩罗、吉布提、以色列和南苏丹作为观察员国参会，联合国粮食及农业组织、联合国裁军研究所等国际组织及 48 个非政府组织和研究机构参会。会议共识结果主要涉及 2023—2026 年闭会期间工作方案、第十次审议会议举行时间及主要议题、国际合作与科技审议机制建设等核心问题。

① The Australian Government. National biosecurity strategy[EB/OL].(2022-08-30)[2023-02-27]. https://www.biosecurity.gov.au/sites/default/files/2022-08/National%20Biosecurity%20Strategy%28final%29.pdf.

② Kazakh Senate adopts Biosecurity and Biosafety Law[EB/OL]. (2022-04-28) [2023-03-18]. https://jjtv.kz/en/news/politics/19925-kazakh-senate-adopts-biosecurity-and-biosafety-law.

一是闭会期间工作方案。九审会决定于 2023—2026 年在日内瓦举行缔约国年度会议，每年会期 3 天。首次会议将于 2023 年 12 月 11—13 日举行，核心要务主要涉及 3 个方面。一是从预算、财务及组织等角度采取必要措施，保障闭会期间工作方案的顺利实施；二是审议普遍加入公约的进展情况、履约支持机构的年度报告；三是视情审查九审会决定的执行情况。《公约》第十次审议会议将审议 2023—2026 年缔约国会议的工作及成果，并就下一步行动做出决定。

二是设立工作组。九审会决定设立一个对所有缔约国开放的工作组。工作组应探索加强公约履约的方法和途径，包括制定具有法律约束力的措施，并使之制度化。具体工作包括 7 个方面：一是公约第十条框架下的国际合作与援助推进措施；二是与公约相关的科技进展；三是完善建立信任措施和提高履约透明度；四是履约及核查措施；五是国家履约措施；六是《公约》第七条框架下的援助请求、应对和准备措施；七是会议组织、机制体制建设及财务相关事务。该工作组的设立不会取代或改变 1994 年特设小组的职权范围。2023—2026 年工作组年度会议时间为 15 天，分两个会期完成，其中一次会议与年度缔约国会议连续举行。工作组首次实质性会议拟于 2023 年 8 月 7—18 日、12 月 4—8 日举行。工作组应尽可能于 2025 年底前完成所有事务。履约支持机构将为工作组会议召集和活动开展提供必要协助。工作结束时，工作组将以协商一致的方式形成工作报告，提交缔约国，在第十次审议会议上审议。

三是第十次审议会议相关事务。第十次审议会议将不晚于 2027 年在日内瓦以面对面的方式举行，重点考虑以下问题：与公约有关的科技进展、缔约国履约实践、九审会相关决议和建议执行情况等。

四是国际合作与科技进展审议机制建设。九审会决定发展并建立一个向所有缔约国开放的机制，促进和支持充分实施公约第十条框架下的国际合作与援助。工作组将为相关机制建设提出建议。建立审查科技进展审议机制，并向缔约国提供咨询意见。工作组将为上述机制建设提出建议[①]。

2. 联合国秘书长调查机制影响力扩大

截至 2022 年 12 月，联合国秘书长指称使用化生武器调查机制（简称“联合国秘书长调查机制”）共有 494 名注册合格专家、39 名专家顾问、83 个分析实验室。2022 年，联合国裁军事务办公室公开指出联合国秘书长调查机制是当前指称使用生物武器调查唯一“合法”工具，并在加拿大、美国等西方国家及国际刑警组织、WHO 等国际组织支

① UNODA. Biological Weapons Convention-ninth review conference[EB/OL]. (2022-12-08) [2023-03-18]. https://meetings.unoda.org/bwc-revcon/biological-weapons-convention-ninth-review-conference-2022.

持下，密集开展联合国秘书长调查机制推介活动及专家培训课程，旨在提高外界对联合国秘书长调查机制的全面认识，拓宽各国支持该机制的途径方式，提升其在全球生物安全治理中的影响力①。

一是桌面推演。2022年联合国裁军事务办公室在多国协助下，开展多场桌面推演活动，主要项目涉及联合国秘书长调查机制特殊任务和敏感生物样本跨境转移、国家及国际组织之间协调与合作、与东道国谈判、实地访谈、取样、检测及样本运输、未知病原体监测等。

二是课程培训。首先是针对合格专家的技能培训。2022年6月20日—7月1日，南非与联合国裁军事务办公室合作，为被提名进入联合国特别工作组名册的合格专家举办了为期两周的基础培训课程。参与该课程的人员有7人来自非洲地区，占比为41%，是迄今为止该地区参与联合国秘书长调查机制培训课程的最高比例。其次是专家讲习班，重在介绍联合国秘书长调查机制的背景、任务、注册人员的职责作用、被提名专家的培训计划、被提名实验室的外部质量评估工作及联合国秘书长调查机制的历史实践情况。

三是机制完善主题研讨。2022年，联合国裁军事务办公室以生物研究合作项目、外部质量评估等为主题，为注册专家、实验室及专家顾问举办多场线上研讨会，旨在提升联合国秘书长调查机制的地域代表性，强调所有《公约》缔约国都可支持和参与联合国秘书长调查机制的活动。

以德国为代表的西方国家从资金援助和课程培训等方面，极力扩大该机制在全球范围内的影响力。自2021年以来，联合国裁军事务办公室以简报的形式，定期总结和刊载该机制活动开展情况。在《公约》九审会上，日本提交工作文件，建议加强联合国秘书长调查机制在指称使用生物武器调查中的作用，将联合国秘书长调查机制及具有合作潜能的国际组织纳入调查框架。

3.《公约》建立信任措施材料提交情况趋好

2021年提交建立信任措施材料的国家数量占缔约国总数的50%，创历史新高。

近年来，缔约国提交的建立信任措施材料数量及提交材料的缔约国数量占比均呈波动上升趋势。1986年，《公约》第二次审议会议确定建立信任措施的内容，1987年首次进行资料和情报提交，大部分缔约国尚处于观望状态，当年提交的建立信任措施材料仅17份，提交材料的国家仅占全部缔约国数量的16%。此后，缔约国提交建立信任措施材料的数量及提交材料的缔约国占比快速上升。2017—2021年，101个缔约国共提

① UNODA. Secretary-general's mechanism for investigation of alleged use of chemical and biological weapons (UNSGM)[EB/OL]. (2022-09-26) [2023-03-28]. https://www.un.org/disarmament/wmd/secretary-general-mechanism.

交 457 份建立信任措施材料，其中 65 个缔约国自八审会以来逐年提交，8 个缔约国为首次提交。仅 2021 年，92 个缔约国提交了建立信任措施材料，提交材料的国家数量约占缔约国总数的 50%，首次逼近半数；21 个缔约国直接通过电子平台在线提交，占总量的 23%，是历年来在线提交量最多的一次①。

4.《公约》普遍性获提升

2022 年 2 月 10 日，纳米比亚共和国（The Republic of Namibia）向作为保存国之一的英国政府提交了加入《公约》的文书，2 月 25 日，正式加入《公约》，成为《公约》第 184 个缔约国。纳米比亚共和国与 150 个国家建立外交关系，奉行不结盟、睦邻友好的外交政策，强调外交为经济建设服务，支持加强非洲国家间合作，主张建立国际政治经济新秩序、加强南南合作、南北对话，注重周边外交，加强同周边国家、亚洲国家的经贸往来②。

5. WHO 发布多份生命科学研究战略及指导框架

一是全球病原体基因组监测战略。2022 年 4 月，WHO 发布《2022—2032 年具有大流行和流行潜力的病原体全球基因组监测战略》，以加强和扩大全球基因组监测在病原体检测、疫情监测和公共卫生威胁应对方面的功能作用，战略目标涉及确保关键技术共享和基础设施建设进度、构建高水平风险应急响应团队、完善基因组监测准备行动方案等 5 个方面③。该战略为未来 10 年内建设全球基因组监测能力、规模和技能提出了优先事项和因素，强调政府、网络、规划及与伙伴协作是推动战略实施的关键因素。

二是病原体基因组数据共享指导原则。2022 年 11 月，WHO 发布《病原体基因组数据共享指导原则》。该文件系统阐述了能力建设、国家合作、高质量共享数据、区域代表性、及时性、知识产权、技术获取、共享平台权限设置、互操作性、可信度和易用性、合法合规性、遵约机制建设等关键问题，鼓励成员国秉持道德、公平、有效原则，与他国分享病原体基因数据。未来，该指导原则将对缔约国内的成员合作及全球传染病预防发挥积极作用④。

---

① Implementation Support Unit. History and operation of the confidence-building measures[EB/OL]. [2023-04-18]. https://documents.un.org/doc/undoc/gen/g22/005/32/pdf/g2200532.pdf?token=ITuVvaebe1i8lf39pc&fe=true.

② WHO. Namibia: accession to Biological Weapons Convention, 25 February 2022[EB/OL]. [2023-04-18]. https://treaties.unoda.org/a/bwc/namibia/ACC/london.

③ WHO. Global genomic surveillance strategy for pathogens with pandemic and epidemic potential, 2022–2032, March 28, 2022[EB/OL]. [2023-04-18]. https://www.who.int/publications/i/item/9789240046979.

④ WHO. WHO guiding principles for pathogen genome data sharing[EB/OL]. (2022-11-08) [2023-02-23]. https://www.who.int/publications/i/item/9789240061743.

三是生命科学运用全球指导框架。2022 年 9 月，WHO 发布《负责任地使用生命科学全球指导框架：降低生物风险和管理两用性研究》，旨在从价值观和机制等角度，为成员国及主要利益攸关方提供指导。该框架指出，生物安全没有国界，生物风险治理是所有国家共同的责任。目前，部分国家及学术机构制定了风险治理措施，但机制运行和管理行动往往滞后于生命科学创新速度。WHO 贯彻“健康一体化”思想，采用综合方案，试图构建一个可应对所有生物风险的整体框架，重点关注负责任的生命科学研究在降低生物安全风险方面的作用。主体内容包含框架制定的背景、生物安全风险的演变及风险管理的不足之处、风险管理的指导原则和关键要素等6个部分[①]。该文件针对不同的利益相关方，制定了差异化应对方法，总结了不同管理路径中可能出现的问题及解决问题所需的关键要素，对生命科学研究中的风险管理具有重要意义。

（二）国际生物军控斗争激烈

1. 俄罗斯就美国在乌克兰生物军事化活动提请召开正式磋商会议

2022 年 6 月 29 日，俄罗斯提出，根据《公约》第五条及第二次、第三次审议会议最后宣言，就美乌违反《公约》第一条和第四条，提议召开缔约国正式磋商会议[②]。此为《公约》生效以来第二次援引第五条，申请召开正式磋商会议。2022 年 8 月 26 日召开正式磋商会议，核心议程包括：俄罗斯阐述其对美国和乌克兰涉嫌违反《公约》事实的关切、美国和乌克兰代表对俄罗斯的阐述做出回应、与会国代表的进一步讨论和声明。

俄罗斯国防部系统分析了美国和乌克兰代表发言、成员国工作文件、联合声明和会议成果等文件，并就上述两国非法活动提出了 20 个问题。例如，为何美国在乌克兰开展的病原微生物研究与乌克兰卫生保健状况改善没有直接联系？存储高危毒株并将其转运他国，如何改善乌克兰传染病防控状况？为何美国和乌克兰在提交《公约》相关会议的报告中刻意掩盖合作事实？

美国和乌克兰对俄罗斯的阐述表达了质疑，一再表明二者在美国“合作威胁降减

---

① WHO. Global guidance framework for the responsible use of the life sciences: mitigating biorisks and governing dual-use research[EB/OL]. (2022-09-13) [2023-03-26]. https://www.who.int/publications/i/item/9789240056107.

② 根据《公约》第五条，在解决可能出现违反《公约》宗旨的事件时，缔约国应相互协商与合作。任何缔约国都可要求召开缔约国正式协商会议，审议并进一步澄清未妥善解决的事项。会议申请应同时提交《公约》保存国，即美国、英国和俄罗斯，由《公约》保存国通知各缔约国，并在 30 天内召开缔约国非正式磋商会议，商讨和确定正式磋商会议议程安排。正式磋商会议应在收到请求之后 60 天内举行。1997 年 8 月 25—27 日，应古巴要求，《公约》缔约国首次根据《公约》第五条召开正式磋商会议。古巴称，美国一架飞机在飞经该国领空时释放了害虫，给该国造成了严重的经济危机。历经 3 次会议之后，会议主席给出最后结论：因技术复杂性和时间久远等因素，无法就古巴提出的关切达成明确结论。

计划”框架下，就公共卫生设施、生物安全、生物安保和疾病监测方面开展的合作符合《公约》及相关规则要求。正式磋商会议未达成一致成果[①]。2022 年 10 月 27 日，俄罗斯向联合国安理会 15 个成员国提交一份长达 310 页的决议草案，公布俄方就美乌违反《公约》规定进行事实调查的结果，并申请成立调查委员会，请求联合国秘书长和《公约》履约支持机构给予一切必要的协助，对俄罗斯指控事实进行调查[②]。2022 年 11 月 2 日，联合国安理会以 3 票反对（美国、法国和英国）、2 票赞成（俄罗斯、中国）及 10 票弃权（阿尔巴尼亚、巴西、加蓬、加纳、印度、爱尔兰、肯尼亚、墨西哥、挪威、阿拉伯联合酋长国）的投票结果，驳回俄罗斯的请求[③]。2022 年 12 月，俄罗斯向《公约》九审会提交有关美乌开展生物“军事化”活动的书面证据，但依然没有最终定论。

2.《公约》缔约国在国际合作与援助议题方面分歧较大

2022 年，多国向《公约》九审会提交 60 多份工作文件，关注议题涉及建立信任措施、机制建设、与《公约》有关的科技进展、国际合作与援助等。各方在国际合作与援助议题方面分歧较大，主流观点包括以下 4 种。一是加强现有措施。具体建议包括畅通国家自主报告渠道、优化合作与援助数据库的功能、制定援助需求和援助意向分布图。二是以现有机制为基础，细化实施步骤，提升制度化水平。具体建议包括成立合作委员会、在履约支持机构内增设专司合作事务的职位、制定资源调集指导原则、开设自愿捐助信托基金、制订行动计划等。三是发出积极倡议。具体包括建立生物安全和生物安保监管框架及培训指导数据库、协助缔约国量身定制生物风险管理系统、为高危病原微生物实验室提供操作培训等。四是加强生物安全协同网络的沟通与合作。具体建议包括加强全球卫生安全架构建设和可持续卫生安全融资能力、建立病原体快速检测和疫情监测系统、加强探索资源调动新方法、加强援助国和受援助国之间的伙伴关系、加强南南合作等。多方上述建议并非相互排斥，而是相互促进的关系，建议集体反思，综合考虑，形成最优方案[④]。

---

① UNODA. BWC formal consultative meeting 26 August and 5-9 September 2022 final report-advance version[EB/OL].(2022-09-30)[2023-02-26]. https://documents.unoda.org/wp-content/uploads/2022/09/FCM-final-report-ADVANCE-VERSION.pdf.

② WILSON R. UN given 310 pages of evidence to support claims of US/Ukraine's violation of Biological Weapons Convention[EB/OL]. [2023-03-28]. https://expose-news.com/2022/10/30/un-given-310-pages-of-evidence/.

③ Russia Today. UN Security Council votes against probe into US biolabs[EB/OL]. [2023-03-28]. https://www.rt.com/news/565850-un-rejects-biolab-probe/.

④ UNODA. Biological Weapons Convention-ninth review conference[EB/OL]. (2022-12-30) [2023-03-26]. https://meetings.unoda.org/bwc-revcon/biological-weapons-convention-ninth-review-conference-2022.

3. 美国通过年度遵约报告指责他国违反《公约》

2022 年 4 月，美国发布所谓的遵约报告，指责伊朗、朝鲜、俄罗斯等国存在违反《公约》的行为。

该报告认为，伊朗开展了可能应用于生物武器的两用生物研究，如建造肉毒杆菌生产设施。此外，部分生物技术研发实体为军事单位附属机构。在朝鲜方面，美国评估认为，朝鲜很可能具备细菌、病毒和毒素研发能力，且开发了生物制剂。美国在该报告中指出俄罗斯在建立信任措施材料报告材料中可能对生物防御研究和发展方案的情况描述可能与事实不符，认为俄罗斯政府实体仍在从事两用生物技术研究[①]。

三、结语

国际生物安全形势严峻复杂，生物安全问题成为国际合作和全球治理的关注焦点，多国从战略定位、计划实施及法规建设等角度出台生物安全防御新举措，对于全球和国家生物安全能力建设具有积极意义。此外，全球生物安全治理取得进展。一是多方促成《公约》九审会顺利举行，达成最后宣言，为加强公约履约机制建设，重启多边谈判、打破僵局创造了条件；也为促进国际合作，弥合生物科技鸿沟，推进成果普惠共享提供了新契机。二是联合国秘书长调查机制影响力持续扩大，建立信任措施材料提交情况趋好,《公约》普遍性获得提升。三是 WHO 发布多个生物风险防范指导框架，倡导病原体基因数据共享，有助于引导和加强生命科学研究的合法合规性。

新冠疫情之后，各国在核查机制建设、国际援助与合作等议题方面仍存在较大分歧。随着“乌克兰冲突”的持续拉锯，各方较量、博弈的局面可能会长期存在。生物安全事关全人类健康福祉，要降低乃至消除生物安全威胁，需要各国深刻认识构建“人类命运共同体”的重要意义，秉持共商共建共享的全球治理观，加强沟通，增信释疑，协同推进全球生物安全治理建设步入新阶段。

（军事科学院军事医学研究院　蒋丽勇、刘术）

① US Department of State. Adherence to and compliance with arms control, nonproliferation, and disarmament agreements and commitments[EB/OL]. (2022-04-30)[2023-03-02]. https://www.state.gov/wp-content/uploads/2022/04/2022-Adherence-to-and-Compliance-with-Arms-Control-Nonproliferation-and-Disarmament-Agreements-and-Commitments-1.pdf.

第三章　国外生物安全应对能力建设

一、生防设施建设

（一）WHO 成立全球生物制造培训中心

据 WHO 官网 2022 年 2 月 23 日消息，WHO、韩国和世界卫生组织学院宣布成立全球生物制造培训中心，该中心将为所有希望生产疫苗、胰岛素、单克隆抗体和癌症治疗等生物制品的中低收入国家服务[①]。韩国政府在首尔外提供了一个大型设施，该设施已经在为设在该国的公司开展生物制造培训，现在将扩大其业务，以容纳来自其他国家的受训者。该设施将提供有关操作和良好生产实践要求的技术和实践培训，并将补充南非 mRNA 疫苗技术转让中心开发的具体培训。与此同时，WHO 正在通过其全球基准工具（GBT）加强监管系统，这是一种评估监管机构成熟度水平的工具。GBT 将成为 WHO 将国家监管机构列入 WHO 名单的主要参数。WHO 的另一个目标是建立一个区域卓越中心网络，为监管系统较弱的国家提供顾问和指导。

（二）美国国务院计划成立全球卫生安全和外交局

2022 年 12 月，美国国务卿安东尼·布林肯（Antony Blinken）宣布计划在国务院成立全球卫生安全和外交局[②]。新局的成立将把海洋和国际环境与科学事务局的国际卫生和生物防御办公室及全球新冠应对和卫生安全协调员的职能与美国全球艾滋病协调员办公室

① Moving forward on goal to boost local pharmaceutical production, WHO establishes global biomanufacturing training hub in Republic of Korea[EB/OL]. [2020-02-23]. https://www.who.int/news/item/23-02-2022-moving-forward-on-goal-to-boost-local-pharmaceutical-production-who-establishes-global-biomanufacturing-training-hub-in-republic-of-korea.

② Secretary Antony Blinken at a press availability[EB/OL]. [2020-12-22]. https://www.state.gov/secretary-antony-j-blinken-at-a-press-availability-27/.

结合起来，后者领导和协调美国总统艾滋病紧急救援计划（PEPFAR），是全球卫生外交办公室的所在地。这一新机构将使美国的卫生安全专家和外交官能够更有效地合作，以预防、发现和应对现有和未来的健康威胁。

（三）美国政府设立白宫大流行病防范和应对政策办公室

据 STAT 网站 2022 年 12 月 22 日消息，2023 年美国政府拨款方案包括一个全新的白宫大流行病防范和应对政策办公室，该办公室将有一名由总统任命的主任和 25 名工作人员。新主任的主要职责是就应对大流行病和其他生物威胁向总统提出建议，协调整个联邦政府的应对活动，包括研究新的应对措施和分发医疗用品，并评估政府的准备情况。该主任兼任美国国内政策委员会和国家安全委员会成员。该办公室将在应对健康威胁之初设立“行业联络员”，以协调私营部门参与任何应对工作。

（四）美国资助建立公共卫生病原体基因组学卓越中心

Global Biodefense 网站 2022 年 3 月 20 日报道，美国疾病预防控制中心（CDC）宣布为建立美国公共卫生病原体基因组学卓越中心（PGCoE）网络提供资金①。拜登政府于 2021 年 7 月宣布了 PGCoE 网络计划，目的是促进病原体基因组学和分子流行病学的创新，以控制和应对微生物威胁。卓越中心网络旨在使公共卫生系统能够更好地应对传染病威胁。PGCoE 计划建立几个卓越中心，每个卓越中心由一个卫生部门和一个或多个学术机构组成。PGCoE 的任务包括：①开发、识别、完善、评估、试点和实施与公共卫生相关的技术和实践；②为公共卫生专业人员提供实践培训；③发展应对传染病威胁的能力；④通过应用基因组技术和综合各种数据来应对传染病威胁；⑤组织网络教育并制订在线培训计划。

（五）美国 CDC 成立新的疫情预测分析中心

2022 年 4 月 19 日，美国 CDC 宣布成立疫情预测分析中心，旨在提高国家对数据和模型的分析能力，为美国 CDC 及其公共卫生合作伙伴做出及时、有效的决策，应对公共卫生威胁②。疫情预测分析中心的目标是利用传染病建模和分析来改善疫情应对措施，并为各级

① U.S. opens funding for new public health pathogens genomics centers of excellence[EB/OL]. [2022-03-20]. https://globalbiodefense.com/2022/03/20/u-s-opens-funding-for-new-public-health-pathogens-genomics-centers-of-excellence/.

② CDC launches new center for forecasting and outbreak analytics[EB/OL]. [2022-04-19]. https://www.cdc.gov/media/releases/2022/p0419-forecasting-center.html.

领导人提供支持。疫情预测分析中心还将制定一个项目，向公众提供有关传染病事件的解读，为个人决策提供信息，相当于国家传染病气象局。到目前为止，美国 CDC 已经向学术机构和联邦合作伙伴提供了 2600 万美元的资金，用于推进建模和预测方法。

（六）美国将资助建立 9 个大流行病病原体抗病毒药物开发中心

据 Homeland Preparedness News 网站 2022 年 5 月 20 日消息，美国国家过敏和传染病研究所（NIAID）拟投资 5.77 亿美元建立 9 个大流行病病原体抗病毒药物开发中心，以支持药物研发创新[①]。这些中心将加强对新病毒靶点的早期识别和验证，特别是侧重于识别能够直接阻断病毒靶点的小分子和生物治疗剂。研究对象包括新冠病毒、副黏病毒、布尼亚病毒、丝状病毒（如埃博拉病毒和马尔堡病毒）、微小核糖核酸病毒（如肠道病毒）和黄病毒（包括引起黄热病、登革热和寨卡热的病毒）等。获资助的机构包括：斯克里普斯研究所抗病毒药物和大流行防范中心、得克萨斯大学加尔维斯顿分校医学部的大流行防范联盟、北卡罗来纳大学教堂山分校抗病毒药物开发计划中心、斯坦福大学医学院、埃默里大学和佐治亚州立大学的抗病毒对策开发中心、哈肯萨克大学医学中心、加州大学旧金山分校、明尼苏达大学、斯隆·凯特琳研究所。

（七）美国国土安全部成立卫生安全办公室

据 Homeland Preparedness News 网站 2022 年 7 月 21 日消息，美国国土安全部宣布成立一个新的卫生安全办公室[②]。该部门的组织结构将更有利于美国对恐怖主义和其他灾害的健康影响的准备、复原力和响应之间实现协调、标准化和问责制，主要是将国土安全部的相关工作队伍调整到一个组织之下。该办公室将联合并提升整个部门现有的公共卫生、劳动健康和安全及医疗专业知识，将专注于促进健康和更安全的劳动力，为受益人及时提供适当的医疗服务，确保强大的卫生安全态势，并成为机构间和社区伙伴的强大合作伙伴及倡导者。

① NIAID utilizes $577M to establish nine pathogen antiviral drug development centers[EB/OL]. [2022-05-20]. https://homelandprepnews.com/stories/77090-niaid-utilizes-577m-to-establish-nine-pathogen-antiviral-drug-development-centers/.

② DHS creates new Office of Health Security to guide public health actions[EB/OL]. [2022-07-21]. https://homelandprepnews.com/stories/77795-dhs-creates-new-office-of-health-security-to-guide-public-health-actions/.

二、生防产品研发

（一）生物威胁监测诊断设备与产品

1. 机器学习识别出可在动物、人类和环境之间传播的耐药细菌

据 phys.org 网站 2022 年 4 月 20 日消息，诺丁汉大学研究人员开发出新的软件，该软件结合了 DNA 测序和机器学习，可帮助他们发现耐药细菌在人类、动物和环境之间的传播程度[①]。研究人员观察了中国的一个大型商业家禽养殖场，并从动物、动物尸体、工人及其家庭和环境中收集了 154 个样本，从中分离出大肠杆菌。研究人员使用一种整合了机器学习、全基因组测序、基因共享网络和移动遗传元素的计算方法，描述在养殖场发现的不同类型的病原体。他们发现，耐药基因在致病性和非致病性细菌中都存在。使用机器学习的新方法使该团队能够发现与耐药性有关的整个基因网络。值得注意的是，这个网络包括已知的导致耐药性的基因，以及与耐药性相关的尚不知名的基因。

2. 科学家开发出埃博拉快速诊断方法

据 Science Daily 网站 2022 年 6 月 8 日消息，美国圣路易斯华盛顿大学医学院等的一项研究发现，一种新的工具可以快速和可靠地识别血液样本中的埃博拉病毒[②]。这项技术使用了光学微环谐振器，有可能被开发成对埃博拉病毒的快速检测诊断。目前现有诊断检测的是病毒的遗传物质或糖蛋白，但在病毒在体内繁殖到高水平之前，这种诊断测试并不可靠，这个过程可能需要几天时间。研究人员开发了一种高度敏感的抗体，能够在病毒繁殖还在低水平时检测病毒的可溶性糖蛋白。研究人员使用受感染动物的血液对其进行测试。研究发现该技术能够更早地检测到糖蛋白，此外，该检测只需 40 分钟。

（二）生防疫苗研发进展

1. 单剂量改良 MVA 对猴痘的疗效

2022 年 8 月 22 日，Research Square 网站发布未经同行评议的预印本文章“Vaccine Effectiveness of Modified Vaccinia Ankara in Human Monkeypox”[③]。文章指出，最近全

---

① Machine learning identifies antibiotic resistant bacteria that can spread between animals, humans and environment[EB/OL]. [2022-04-20]. https://phys.org/news/2022-04-machine-antibiotic-resistant-bacteria-animals.html.

② Rapid Ebola diagnosis may be possible with new technology[EB/OL]. [2022-06-08]. https://www.sciencedaily.com/releases/2022/06/220608112530.htm.

③ Vaccine effectiveness of modified vaccinia Ankara in Human Monkeypox[EB/OL]. [2022-08-22]. https://www.researchsquare.com/article/rs-1976861/v1.

球暴发的猴痘疫情被 WHO 宣布为公共卫生紧急情况。改良安卡拉痘苗（MVA）是目前 FDA 批准的唯一针对猴痘的疫苗，该疫苗基于对非人灵长类动物的研究而获批。由于目前针对人类的疗效证据不足，文章的目标是在向有感染猴痘病毒可能性的个人提供一剂疫苗后，评估疫苗有效性。文章的研究队列包括 1970 名受试者。其中，873 人（44%）接种了 MVA。在研究期间，确诊了 18 例感染，其中 3 例为接种疫苗者，15 例为未接种疫苗者。估计的疫苗有效性为 79%。文章总结称，其研究表明高危人群猴痘感染风险的明显降低与单剂量 MVA 有关。

2. 土拉菌病疫苗进入临床前开发阶段

据 Homeland Preparedness News 网站 2022 年 4 月 19 日消息，Emergex 公司利用其合成的 CD8+ T 细胞适应性疫苗平台，针对土拉菌病新医疗对策进行临床前开发①。土拉弗氏菌是一种异常致命的细菌病原体。美国政府将土拉菌病列为 A 类生物威胁，与炭疽热、天花、瘟疫和埃博拉等病毒性出血热相同，目前还没有获批的疫苗。Emergex 公司认为下一代疫苗，如 T 细胞适应性疫苗，将通过启动初始 T 细胞来识别并去除受感染的细胞，从而诱导靶向 T 细胞免疫治疗，缩短感染周期，进而让患者免受感染。

3. 全球第一种疟疾疫苗的推广步伐加快

据 Medicalxpress 网站 2022 年 5 月 6 日消息，世界上第一种疟疾疫苗研发取得了大量积极结果，将很快在撒哈拉以南非洲地区上市②。该疫苗被称为 RTS,S/AS01E，以 Mosquirix 为品牌进行销售，其目标人群是儿童。WHO 在加纳、肯尼亚和马拉维进行的试点结果显示，这种疫苗显著减少了接种儿童的严重疟疾和住院率。这意味着撒哈拉以南非洲的更多国家将很快获得这种疫苗。莫桑比克、乌干达、赞比亚和尼日利亚等国家已经正式致函表达对该疫苗有兴趣。全球疫苗免疫联盟（GAVI）支付了大约 80% 的疫苗费用，预计这些国家的政府将支付剩余的 20%。为了提高疫苗供应量和覆盖率，该疫苗的生产商葛兰素史克公司（GSK）将向印度的 Bharat Biotech 公司转让技术和专利以生产疫苗。

4. 科学家开发针对 3 种生物威胁病原体的新疫苗

据 Homeland Security Newswire 网站 2022 年 5 月 10 日消息，美国劳伦斯·利弗莫尔国家实验室和其他 3 个机构的科学家们正在寻求开发一种多病原体疫苗，以防止 3 种细菌性生物威胁病原体。研究人员将在国防威胁降低局提供的为期 5 年、1000 万美元

① Emergex enters preclinical development for a tularemia vaccine[EB/OL]. [2022-04-19]. https://homelandprepnews.com/stories/76707-emergex-enters-preclinical-development-for-a-tularemia-vaccine/.

② Rollout of world's first malaria jab gathers pace[EB/OL]. [2020-05-06]. https://medicalxpress.com/news/2022-05-rollout-world-malaria-jab-pace.html.

资助下进行合作，旨在开发一种能够预防土拉菌病、类鼻疽和鼠疫的单一疫苗。研究人员指出，这种三联疫苗如果成功，将以单一剂量预防几种烈性病原体感染。

5. 抗脑炎病毒疫苗 1 期试验结果积极

据 Homeland Preparedness News 网站 2022 年 5 月 16 日消息，一项针对东方马脑炎病毒（EEEV）、西方马脑炎病毒（WEEV）和委内瑞拉马脑炎病毒（VEEV）的候选疫苗在一项 1 期临床试验中被证明安全、耐受性良好且抗体反应稳定①。该试验由 NIAID 疫苗研究中心提供部分资金，在埃默里疫苗中心进行。这种疫苗可能对感染东方马脑炎病毒的高风险职业人群有益，特别是军队成员和实验室工作人员。这种病毒样颗粒候选疫苗 WEVEE 在 30 名 18 ～ 50 岁的健康成年人志愿者身上进行了试验，他们通过肌肉注射接受了 6 微克、30 微克或 60 微克不同剂量的疫苗。结果显示，志愿者对 3 种病毒都有持久的免疫反应，在接受加入明矾佐剂的 30 微克剂量的参与者中观察到最高的中和抗体反应。

6. 美国启动通用流感候选疫苗 1 期临床试验

据 NIH 网站 2022 年 6 月 28 日消息，一项新型流感疫苗的 1 期临床试验已经开始在美国马里兰州贝塞斯达的临床中心为健康的成年人志愿者接种②。这项安慰剂对照试验将试验候选疫苗 BPL-1357 的安全性及其促进免疫反应的能力。该试验招募 100 名 18 ～ 55 岁的志愿者，按 1∶1∶1 的比例随机分为 3 组，A 组参与者接受 BPL-1357 的肌肉注射，同时接受鼻内生理盐水安慰剂；B 组将接受 BPL-1357 的鼻内注射，同时接受肌肉注射的安慰剂；C 组的志愿者接受 BPL-1357 肌肉注射和鼻内吸入的安慰剂。研究人员指出，通过 BPL-1357，特别是在鼻内吸入时，诱导了一种全面的免疫反应，这种反应与自然流感感染后获得的免疫力非常相似。这与几乎所有其他流感或其他呼吸道病毒疫苗非常不同，后者侧重于诱导对单一病毒抗原的免疫力，通常不诱导黏膜免疫力。该研究将检查 BPL-1357 的安全性，还将评估黏膜免疫对流感的重要性，以及诱导免疫系统的细胞和抗体的策略是否能针对不断变化的流感病毒提供更广泛的保护。BPL-1357 是一种全病毒疫苗，由 4 种非传染性、化学灭活的低致病性禽流感毒株组成。该候选疫苗由 NIAID 的研究人员开发。此前一项动物研究发现，所有接种两剂 BPL-1357 疫苗的小鼠在后来暴露于 6 种不同的致命剂量流感病毒株（包括不包含在疫苗中的亚型）后都能存活。在对接种 BPL-1357 的雪貂进行的挑战实验中也获得了类似的结果。

① Phase 1 trial results of virus-like particle vaccine show promise against encephalitis viruses[EB/OL]. [2020-05-16]. https://homelandprepnews.com/stories/77024-phase-1-trial-results-of-virus-like-particle-vaccine-show-promise-against-encephalitis-viruses/.

② Trial of potential universal flu vaccine opens at NIH clinical center[EB/OL]. [2022-06-28] https://www-novarnish.niaid.nih.gov/news-events/trial-potential-universal-flu-vaccine-opens-nih-clinical-center.

7. 美国启动尼帕病毒 mRNA 疫苗的临床试验

2022 年 7 月 11 日，NIH 宣布，NIAID 已经启动了一项早期临床试验，评估一种用于预防尼帕病毒感染的研究性疫苗①。该疫苗以 mRNA 平台为基础，由马萨诸塞州剑桥市的莫德纳公司生产，并与 NIAID 的疫苗研究中心合作开发。NIAID 正在资助开展 1 期临床研究，该研究正在马里兰州贝塞斯达的 NIH 临床中心进行。尼帕病毒感染是一种人畜共患疾病，果蝠是该病毒的自然宿主。该病毒可引起轻度至严重的疾病，从呼吸道感染症状迅速发展到脑炎，导致昏迷或死亡。感染后病死率为 40% ～ 75%。目前，没有针对尼帕病毒感染的许可疫苗或治疗方法。实验性尼帕病毒疫苗 mRNA-1215 将在剂量递增的临床试验中进行测试，以评估其安全性、耐受性和在 40 名 18 ～ 60 岁的健康成年人中产生免疫反应的能力。具体来说，4 组各 10 名参与者将通过肩部肌肉注射接受两剂疫苗，时间间隔为 4 周或 12 周。第一组将接受两次 25 微克的注射；第二组将接受两次 50 微克的注射；第三组将接受两次 100 微克的注射，每次间隔 4 周；第四组参与者的疫苗剂量将根据对前三组结果的中期分析来确定，将接受两次注射，间隔 12 周。在整个研究过程中，将通过临床观察和血液采集对研究参与者进行评估，并由临床研究人员跟踪到他们最后一次接种后的 52 周。

8. 新研发的拉沙热疫苗能迅速提供保护

据 Medicalxpress 网站 2022 年 7 月 19 日消息，根据美国得克萨斯大学医学部的研究人员发表在 *Cell Reports* 上的一项研究，研究团队开发了一种新疫苗来对抗拉沙病毒，这是一种导致拉沙热的病原体②。拉沙热对人类和非人灵长类动物是致命的，住院病例的死亡率高达 70%。该疫苗通过重组水疱性口炎病毒平台研发，这种技术与用于开发现已获得许可的预防埃博拉病毒疾病的 Ervebo 疫苗相似。研究人员指出，单次注射疫苗在暴露前 7 天对 100% 的受试者产生了保护，在暴露前 3 天接种疫苗的受试者中 100% 防止了重病发病率并完全康复。该疫苗还对不同的病毒株 / 谱系起作用，不同的国家有不同的拉沙病毒谱系，能够快速生效的疫苗是应对这一疫情的主要手段。自 2005 年以来，有几种治疗拉沙热的候选疫苗一直在开发中，但大多数需要多次注射，并可能需要长达 4 周的时间才能生效。目前还没有获得许可用于预防拉沙热的疫苗。

① NIH launches clinical trial of mRNA Nipah virus vaccine[EB/OL]. [2020-07-11]. https://www.nih.gov/news-events/news-releases/nih-launches-clinical-trial-mrna-nipah-virus-vaccine.

② Study shows vaccine rapidly protects against lethal Lassa fever[EB/OL]. [2020-07-19]. https://medicalxpress.com/news/2022-07-vaccine-rapidly-lethal-lassa-fever.html.

9. 美国批准第 4 款新冠病毒疫苗紧急使用授权

2022 年 7 月 13 日，FDA 批准美国诺瓦瓦克斯公司研发的新冠病毒疫苗紧急使用于 18 岁及以上人群，这也是第 4 款在美国获得紧急使用授权（EUA）的新冠病毒疫苗①。诺瓦瓦克斯疫苗是重组蛋白疫苗。正在进行中的随机双盲对照试验数据显示，这款疫苗总体上预防轻症、中症或重症新冠病毒感染的有效率为 90.4%，常见不良反应包括疼痛、注射部位发红和肿胀、疲劳、肌肉疼痛、头痛、关节痛、呕吐和发烧。诺瓦瓦克斯疫苗获得紧急使用授权增加了现有可用疫苗选项，有助于预防新冠病毒感染及其导致的住院、死亡等严重后果。新冠疫情暴发以来，美国先后批准了辉瑞疫苗（mRNA 疫苗）、莫德纳疫苗（mRNA 疫苗）和强生疫苗（腺病毒载体疫苗）3 种预防产品紧急使用授权。

10. 美国研发通用型流感疫苗并开展临床试验

NIH 研究开发了一种通用型流感疫苗，由灭活的全病毒禽流感亚型甲型流感疫苗组成（H1N9、H3N8、H5N1 和 H7N3 亚型组成，以及多种病毒蛋白），可引发广泛的保护性 B 细胞和 T 细胞反应②。动物实验显示，该疫苗能够保护动物模型小鼠和雪貂免受多种甲型流感病毒的侵害，包括 1918 H1N1 流感、高致病性禽流感 H5N8 和 H7N9 毒株，以及其他来自人类、禽类和猪的潜在致命流感毒株，接种疫苗的动物表现出病毒滴度、肺病理学和宿主炎症反应的显著降低。目前，该疫苗已获得 FDA 批准并完成了 1 期临床试验。多年来，世界各国研究人员一直在尝试开发一种通用型流感疫苗，使科学家和制药公司免于每年预测流行毒株并重新设计疫苗。这种新的候选疫苗可以作为流行前流感疫苗和超季节性流感疫苗广泛应用，且疫苗成本低廉，易于在全球范围内分发，将对全球防控流感具有重大意义。

11. 全球首个新冠奥密克戎变异株疫苗获批上市

英国药品和保健品监管机构（MHRA）批准美国莫德纳公司生产的二价新冠变异株疫苗供 18 岁及以上成年人接种，计划于 2022 年 9 月启用。该疫苗对新冠病毒原始株、奥密克戎变异株 BA.4/BA.5 均会引发“强烈的免疫反应”，中和抗体水平比原始加强针高 1.69 倍，且副作用轻微，无严重安全问题。目前，已向澳大利亚、加拿大、欧盟及美国等提交紧急使用授权申请。

---

① Coronavirus (COVID-19) update: FDA authorizes emergency use of Novavax COVID-19 vaccine, adjuvanted[EB/OL]. [2020-07-13]. https://www.fda.gov/news-events/press-announcements/coronavirus-covid-19-update-fda-authorizes-emergency-use-novavax-covid-19-vaccine-adjuvanted.

② PARK J, FONG L S L, SCHWARTZMAN L M, et al. An inactivated multivalent influenza a virus vaccine is broadly protective in mice and ferrets[J]. Science translational medicine, 2022, 14(653):2167.

12. FDA 授权奥密克戎变异株疫苗紧急使用

FDA 紧急授权辉瑞 -BioNTech 和莫德纳的更新版新冠病毒疫苗作为加强针 ①。两款新版疫苗均属二价疫苗，同时针对原始株和当前主流的奥密克戎 BA.4、BA.5 变异株。其中，莫德纳二价疫苗适用于 18 岁或以上人士，辉瑞 -BioNTech 疫苗适用于 12 岁或以上群组，须在完成接种基础剂量疫苗或最新一剂加强针至少两个月后才可接种。这是 2020 年 12 月推出针对原始毒株的疫苗以来，FDA 首次授权更新疫苗组成配方。

13. 美国批准低龄群体接种升级版 mRNA 新冠疫苗

FDA 于 2022 年 10 月 12 日修订针对莫德纳和辉瑞 mRNA 新冠疫苗的紧急使用授权，批准低龄群体接种这两款疫苗的升级版作为加强针，以针对奥密克戎变异株提供更好的保护 ②。该授权允许升级版莫德纳 mRNA 疫苗适用于 6 岁及以上人群、升级版辉瑞 mRNA 疫苗适用 5 岁及以上人群。公众可在完成初始疫苗接种或此前版本加强针接种至少两个月后，接种升级版莫德纳或辉瑞 mRNA 疫苗作为单剂加强针。该升级版疫苗是二价疫苗，可针对新冠病毒原始株及奥密克戎 BA.4 和 BA.5 变异株发挥作用。

14. 全球首款吸入用新冠病毒疫苗亮相欧洲世界疫苗大会

军事医学研究院陈薇团队和康希诺生物股份公司（简称“康希诺生物”）共同自主创新研发的吸入用新冠病毒疫苗克威莎® 雾优®，在西班牙巴塞罗那举行的 2022 年欧洲世界疫苗大会上进行了现场展示。采取吸入方式的新冠病毒疫苗可实现体液免疫、细胞免疫和黏膜免疫三重保护，获得了国际多位同行专家的充分认可，并认为是未来发展的重要方向。发表在国际顶级医学杂志《柳叶刀 · 呼吸病学》（*The Lancet Respiratory Medicine*）上的研究报告表明，在已完成 2 剂灭活疫苗的基础上，加强一剂吸入用疫苗，可产生比其他疫苗更强的抗体反应，使接种者获得全面持久的保护。该疫苗已在国内获准作为加强针使用。

15. 国内首个鼻喷新冠病毒疫苗完成 3 期临床试验

由厦门大学、香港大学和万泰生物联合研发的鼻喷新冠病毒疫苗近日完成 3 期临床试验的中期主数据分析 ③。实验结果显示，疫苗组和安慰剂对照组总体不良反应率均

---

① Coronavirus (COVID-19) update: FDA authorizes Moderna, Pfizer-BioNTech bivalent COVID-19 vaccines for use as a booster dose[EB/OL]. [2022-08-31]. https://www.fda.gov/news-events/press-announcements/coronavirus-covid-19-update-fda-authorizes-moderna-pfizer-biontech-bivalent-covid-19-vaccines-use.

② Coronavirus (COVID-19) update: FDA authorizes Moderna and Pfizer-BioNTech bivalent COVID-19 vaccines for use as a booster dose in younger age groups[EB/OL]. [2021-10-12]. https://www.fda.gov/news-events/press-announcements/coronavirus-covid-19-update-fda-authorizes-moderna-and-pfizer-biontech-bivalent-covid-19-vaccines.

③ 鼻喷流感病毒载体新冠肺炎疫苗（DelNS1-2019-nCoV-RBD-OPT1）Ⅲ期临床试验 [EB/OL]. [2021-09-22]. https://www.chictr.org.cn/showproj.aspx?proj=133897.

为 12.4%；针对无免疫史人群，该疫苗免疫后 3 个月内的绝对保护力为 55%；针对有免疫史人群，该疫苗加强免疫后 6 个月内绝对保护力为 82%；60 岁以上人群保护效率不弱于 18 ～ 59 岁人群。已完成测序的临床试验病例基因分型均为奥密克戎变异株（BA.2 占 42%、BA.4 占 39%、BA.5 占 18%）。

16. 我国首个雾化吸入新冠病毒疫苗序贯免疫持久性研究结果良好

军事医学研究院陈薇院士和江苏省 CDC 朱凤才教授等团队最新研究显示：注射 2 针新冠病毒灭活疫苗（北京科兴）+ 雾化吸入 1 剂腺病毒载体新冠病毒疫苗（康希诺生物），序贯加强诱导的免疫水平在 12 个月内持续高于 3 针灭活疫苗同源加强，且安全性好。该团队针对 18 岁及以上健康成年人分组评价了新冠病毒原始株、奥密克戎 BA.1/4/5 株中和抗体，以及原始株 RBD-IgG 结合抗体水平。研究表明，尽管奥密克戎变异株逃逸了灭活疫苗同源加强产生的中和反应，但是异源序贯加强免疫提供了针对奥密克戎变异株的广谱性抗体方案。

（三）国外生防药品研发进展

1. WHO 更新其治疗指南将莫诺拉韦纳入推荐

据 WHO 官网 2022 年 3 月 3 日消息，WHO 治疗指南的第九次更新包括一项建议，即不将卡西瑞 - 伊德维单抗（Casirivimab-Imdevimab）（一种单克隆抗体混合物）用于感染奥密克戎变异株的新冠病毒感染患者①。WHO 还更新了其关于新冠病毒感染治疗方法的生活指南，包括对新的抗病毒药物莫诺拉韦（Molnupiravir）的有条件推荐。这是第一个被纳入新冠病毒感染治疗指南的口服抗病毒药物。由于这是一种新药，安全数据很少。WHO 建议积极监测药物的安全性，同时采取其他策略减轻潜在的危害，莫诺拉韦应该只提供给住院风险最高的非重症新冠病毒感染患者。这些人通常是没有接种过新冠病毒疫苗的人、老年人、有免疫缺陷的人和患有慢性病的人，儿童、孕妇和哺乳期妇女不应使用该药。除了关于莫诺拉韦的建议，WHO 治疗指南的第九次更新还包括关于 Casirivimab-imdevimab 的更新。有证据表明，这种组合药物对令人担忧的奥密克戎变异株无效，因此 WHO 建议，只有在感染另一种变体时才给予这种药物。

2. 美国启动猴痘抗病毒药物 TPOXX3 期临床试验

据 Homeland Preparedness News 网站 2022 年 9 月 13 日报道，NIAID 宣布其临床试验小组开始招募 500 多名成年人和儿童参加防治猴痘的抗病毒药物特考韦瑞（TPOXX）

① WHO updates its treatment guidelines to include molnupiravir[EB/OL]. [2022-03-03]. https://www.who.int/news/item/03-03-2022-molnupiravir.

的 3 期临床试验[①]。TPOXX 由制药公司 SIGA Technologies 生产，已被 FDA 批准用作天花治疗药物。其作用是防止病毒在体内扩散，通过靶向天花病毒和猴痘病毒中的一种蛋白质，阻断病毒颗粒逃出人体细胞。尽管目前没有被批准用于治疗猴痘，但 TPOXX 可以通过扩大准入或同情性使用申请程序提供给临床医生。该临床试验由纽约市威尔康奈尔医学院的医学教授 Timothy Wilkin 领导，为双盲试验，即参与者和调查人员都不知道谁在接受什么药片。试验结束后，参与者将接受至少 8 周的研究，除了参加线上和面对面的问诊，还将保持症状和皮肤检查记录。

3. 美国发布帕罗韦德治疗新冠病毒感染真实世界疗效报告

近日，美国 CDC 周报发布了首个基于真实世界中大样本数据的帕罗韦德有效性及复阳率的研究报告。报告显示，该药维持了极高的治疗有效率，能够有效预防感染者发展到重症或病死。用药 5 ～ 15 天，仅有 0.9% 的感染者再次住院或急诊就诊，0.2% 的感染者复阳或再次被诊断为新冠病毒感染。与前期临床试验结果一致。对于出现的极少数复阳患者，研究者认为可能是感染新冠病毒后自然病程的一部分，尽管早期使用帕罗韦德治疗会有效抑制病毒复制，但仍有极少数患者在治疗后仍未完全清除病毒。此外，也需进一步研究排除患者再次感染新冠病毒的可能。帕罗韦德作为 WHO 推荐的新冠病毒感染治疗首选药物，已在全球广泛使用。

（四）生防战略储备

据 Homeland Preparedness News 网站 2022 年 5 月 20 日消息，美国生物医学高级研发局（BARDA）与巴伐利亚北欧（Bavarian Nordic）公司签订合同，该公司将从 2023 年和 2024 年开始首次为美国政府生产冻干版的 Jynneos 天花疫苗[②]。合同中的第一组疫苗价值 1.19 亿美元，包括把现有的散装疫苗转换为大约 1300 万剂 Jynneos 天花疫苗。整个合同的价值约为 2.99 亿美元。自 2003 年以来，Bavarian Nordic 公司与美国政府合作，开发、生产和供应非复制型天花疫苗，已提供了近 3000 万剂冷冻液体版本，在 2019 年 FDA 批准该疫苗主要用于紧急使用。

（军事科学院军事医学研究院　李丽娟、朱志华）

① NIAID begins phase 3 clinical trial to evaluate TPOXX monkeypox antiviral[EB/OL]. [2020-09-13]. https://homelandprepnews.com/stories/78355-nih-begins-phase-3-clinical-trial-to-evaluate-tpoxx-monkeypox-antiviral/.

② BARDA taps Bavarian Nordic to freeze-dry smallpox vaccine supplies[EB/OL]. [2020-05-20]. https://homelandprepnews.com/stories/77094-barda-taps-bavarian-nordic-to-freeze-dry-smallpox-vaccine-supplies/.

第四章　全球新冠病毒感染防控科技进展

2022 年，新冠疫情继续在全球蔓延，新冠病毒在传播过程中不断变异、分化、更新迭代，尤其是奥密克戎变异株及其变体具有超强的传播力和很强的免疫逃逸能力，严重威胁社会经济发展和民众健康。世界各国的科学家、科研机构及医药研发企业积极开展相关研究，并取得了丰硕的研究成果，为疫情防控提供了重要和有效的技术支撑。

一、新冠病毒疫苗研发进展

根据疫情发展变化形势，2022 年新冠病毒疫苗的研究与开发重点主要包括：针对奥密克戎等变异株开发广谱多价疫苗、鼻喷吸入式疫苗；研究现有疫苗对奥密克戎等变异株的效果、加强针的接种效果与策略等。

（一）重点疫苗研发与审批动态

1. 吸入式新冠病毒疫苗

由于经口或经鼻的吸入式新冠病毒疫苗在诱导免疫应答方面具有独特优势，目前已经成为疫苗研发机构的重点研发方向。截至 2022 年 9 月，全球在研的吸入式疫苗已有 100 多种[①]。

2022 年 9 月 4 日，中国国家药品监督管理局（简称“国家药监局”）组织论证同意康希诺生物的吸入用重组新型冠状病毒疫苗

① WALTZ E. How nasal-spray vaccines could change the pandemic[J]. Nature, 2022, 609(7926): 240-242.

（5 型腺病毒载体）克威莎 ® 雾优 ® 作为加强针纳入紧急使用[①]。这款疫苗与已经获得附条件上市批准的注射用新冠病毒疫苗“克威莎”同属一款疫苗，是用雾化器将疫苗雾化成微小颗粒，通过口腔吸入的方式完成接种。临床数据表明，该疫苗具有非常强的免疫活性和良好的安全性，相关研究报告发表在 2022 年 5 月 20 日的《柳叶刀 · 呼吸病学》杂志上[②]。2022 年 10 月 25 日，上海市启动克威莎 ® 雾优 ® 加强免疫预约登记，次日正式启动加强免疫[③]。此外，2022 年 12 月 5 日，万泰生物发布公告，联合厦门大学、香港大学合作研发的鼻喷流感病毒载体新冠病毒疫苗获国家药监局组织论证同意紧急使用。该款疫苗于 2022 年 10 月完成了 3 期临床试验主数据分析，结果表明其对奥密克戎变异株感染可产生良好保护效力，对 60 岁以上人群保护效力不弱于 18 ～ 59 岁人群[④]。

《细胞》（*Cell*）杂志在 2022 年 2 月 8 日和 11 月 10 日分别报告了两项吸入式新冠病毒疫苗研发成果。加拿大麦克马斯特大学邢周团队利用小鼠模型开展了一项临床前研究，发现单剂量鼻内吸入黑猩猩腺病毒载体疫苗，在诱导由局部和全身抗体反应、黏膜组织驻留记忆 T 细胞和黏膜免疫的先天免疫组成的三方保护性免疫方面优于肌肉注射接种[⑤]，并且所需接种量仅为现有肌注疫苗的 1% 即可达到最佳保护效果，但该研究未涉及对奥密克戎变异株的保护效果。NIH 团队利用副流感病毒作为载体，用 S-6P 作为疫苗抗原，因此其研发的疫苗被命名为 B/HPIV3/S-6P 副流感病毒载体疫苗，经研究发现，单次鼻内 / 气管内接种 B/HPIV3/S-6P，可以诱导强烈的呼吸道黏膜 IgG/IgA 反应，在血清中可诱导显著的 Spike 特异性 IgG 反应，并可以中和新冠病毒。[⑥]

俄罗斯卫生部 2022 年 4 月 2 日宣布注册由加马列亚流行病与微生物学国家研究中心开发的新冠病毒疫苗“卫星 V”的鼻喷剂型。“卫星 V”新冠病毒疫苗最早于 2020 年

① 重磅 - 康希诺生物全球首个吸入用新冠疫苗在中国获批紧急使用 [EB/OL]. (2022-09-12) [2022-12-11].https://www.cansinotech.com.cn/html/1///179/180/1750.html.

② LI J X, WU S P, GUO X L, et al. Safety and immunogenicity of heterologous boost immunisation with an orally administered aerosolised Ad5-nCoV after two-dose priming with an inactivated SARS-CoV-2 vaccine in Chinese adults: a randomised, open-label, single-centre trial[J]. The lancet respiratory medicine,2022,10(8):739-748.

③ 全球首款吸入用新冠疫苗启动接种！味道有点甜？还要憋气 5 秒？ [EB/OL].（2022-10-26）[2022-12-20].https://www.thepaper.cn/newsDetail_forward_20463765.

④ 万泰生物公告鼻喷新冠疫苗获批使用 [EB/OL]. (2022-12-06) [2022-12-20].https://m.huanqiu.com/article/4AlFYIrulxm.

⑤ AFKHAMI S, D'AGOSTINO R M, ZHANG A, et al. Respiratory mucosal delivery of next-generation COVID-19 vaccine provides robust protection against both ancestral and variant strains of SARS-CoV-2[J]. Cell, 2022,185(5):896-915.

⑥ NOUËN L C, NELSON E C, LIU X Q, et al. Intranasal pediatric parainfluenza virus-vectored SARS-CoV-2 vaccine is protective in monkeys[J]. Cell, 2022,185(25):4811-4825.

8 月获俄罗斯卫生部批准注册，是全球首个获批的新冠病毒疫苗。此款鼻喷剂型疫苗同样采用两剂次接种方案，两剂成分不同，接种间隔为 3 周。主要用于为年满 18 岁的人员接种。2022 年 7 月 4 日，俄罗斯卫生部又批准注册了第二款鼻喷式腺病毒新冠病毒疫苗，该疫苗由 Генериум 制药公司研发①。

据牛津大学官网 2022 年 10 月 11 日消息，牛津大学与阿斯利康合作开发的鼻喷新冠病毒疫苗的初步临床试验失败②。该试验的对象是 30 名未接种疫苗者和 12 名曾接种两剂标准疫苗者。研究人员在“少数参与者”中观察到了鼻黏膜中的抗体反应，使用鼻喷疫苗后的全身免疫反应也比肌注疫苗的免疫反应弱。牛津大学称，尽管该疫苗显示出可接受的耐受性，但使受试者产生“弱且不一致”的免疫反应，不足以支持鼻喷新冠病毒疫苗的后续开发。

2. 针对奥密克戎变异株的新冠病毒疫苗

2022 年初，在奥密克戎成为主要流行毒株的背景下，各国开始部署开发专门针对奥密克戎变异株的疫苗，包括多价和广谱疫苗。其中研发速度最快的是辉瑞 /BioNTech 和 Moderna 的两款二价 mRNA 疫苗。继英国药品和保健品监管机构 2022 年 8 月 15 日批准其供成年人接种后，FDA 于 2022 年 8 月 31 日宣布，辉瑞 /BioNTech 和 Moderna 的两款针对新冠病毒原始毒株和奥密克戎变异株 BA.4/BA.5 的二价 mRNA 疫苗加强针获得紧急使用授权③。其中前者被授权用于 12 岁以上人群，后者用于 18 岁及以上人群。

2022 年 12 月 4 日，神州细胞生物技术有限公司发布公告，该公司自主研发的重组新冠病毒二价（阿尔法 / 贝塔变异株）S 三聚体蛋白疫苗（SCTV01C）已被国家药监局批准紧急使用。该疫苗针对当前流行的奥密克戎 BA.1 和 BA.5 变体均能诱导出均一的、超高的真病毒中和抗体滴度。此外，该公司正在开发四价重组蛋白疫苗产品，其抗原成分增加了最新流行的德尔塔和奥密克戎变异株的重组 S 三聚体蛋白抗原，目前已进入临床 3 期研究。

2022 年 4 月 26 日，国药集团中国生物和科兴控股生物技术有限公司研发的奥密克戎变异株新冠病毒灭活疫苗获国家药监局临床批件。研究团队将采用随机、双盲、队列

---

① Минздрав РФ зарегистрировал назальную вакцину от COVID-19 Салнавак[EB/OL].(2022-07-03)[2022-12-05]. https://vademec.ru/news/2022/07/05/minzdrav-rf-zaregistriroval-nazalnuyu-vaktsinu-ot-covid-19-salnavak/.

② Intranasal COVID-19 vaccine candidate’s clinical data highlights need for further development of nasal spray vaccines[EB/OL]. (2022-10-11)[2022-12-08].https://www.ox.ac.uk/news/2022-10-11-intranasal-covid-19-vaccine-candidate-s-clinical-data-highlights-need-further.

③ Coronavirus (COVID-19) update: FDA authorizes Moderna, Pfizer-BioNTech bivalent COVID-19 vaccines for use as a booster dose[EB/OL].(2022-08-31) [2022-11-12]. https://www.fda.gov/news-events/press-announcements/coronavirus-covid-19-update-fda-authorizes-moderna-pfizer-biontech-bivalent-covid-19-vaccines-use.

研究的形式，在已完成 2 或 3 剂新冠病毒疫苗接种的 18 岁及以上人群中进行序贯免疫临床研究，评价奥密克戎变异株新冠病毒灭活疫苗的安全性和免疫原性。

3. 其他获批上市或紧急使用授权的新冠病毒疫苗

2022 年 3 月 1 日，我国国家药监局附条件批准安徽智飞龙科马生物制药有限公司的重组新型冠状病毒蛋白疫苗（ZF2001）上市注册申请。该疫苗是首个获批的国产重组新冠病毒蛋白疫苗，适用于预防新冠病毒感染所致的疾病。该疫苗由智飞龙科马生物制药有限公司与中国科学院微生物研究所高福院士团队等合作研发，其临床试验数据分析结果发表在《细胞》、《新英格兰医学杂志》（*NEJM*）等国际知名杂志[①]。此外，丽珠集团其控股附属公司珠海市丽珠单抗生物技术有限公司与中国科学院生物物理研究所合作研发的“重组新型冠状病毒融合蛋白疫苗”（简称“V-01”），以及三叶草生物的重组蛋白新冠疫苗 SCB-2019（CpG1018/ 铝佐剂）分别于 2022 年 9 月和 12 月获得国家药监局批准纳入新型冠状病毒防疫序贯加强免疫紧急使用[②③]。

FDA 2022 年 7 月 13 日批准 Novavax 公司重组蛋白新冠病毒疫苗 NVX-CoV2373 的紧急使用授权，用于 18 岁及以上人群[④]。该疫苗需要间隔 21 天接种两剂，可在正常冰箱条件下储存，临床数据显示，其预防有症状感染的有效率高达 90.4%，对奥密克戎变异株也有一定的交叉免疫保护作用。2022 年 10 月 19 日，FDA 又批准该疫苗可作为 18 岁及以上人群的异源加强针接种，但仅可用于第一剂加强针。Novavax 公司表示正在开发具有奥密克戎特异性的新一代新冠病毒疫苗。

由于存在较高的技术门槛，目前全球只有 Moderna 和辉瑞 /BioNTech 开发的两款 mRNA 新冠疫苗在 2021 年被 WHO 纳入紧急使用授权清单[⑤]。其中 Moderna 公司的 mRNA 新冠疫苗 Spikevax（mRNA-1273）在 2022 年 2 月 1 日获得了 FDA 批准的生物制品许可申请（BLA），用于在 18 岁以上个体中预防新冠病毒感染。这是 FDA 正式批准的第二款 mRNA 疫苗，也是 Moderna 公司首个获得 FDA 正式批准的产品。

---

① XU K, GAO P, LIU S, et al. Protective prototype-Beta and Delta-Omicron chimeric RBD-dimer vaccines against SARS-CoV-2[J]. Cell, 2022,185(13):2265-2278.

② 赞！丽珠集团新冠疫苗 V-01 获批紧急使用 [EB/OL]. (2022-09-12)[2022-12-08].https://www.livzon.com.cn/news/776.html.

③ 三叶草生物制药 . 新冠疫苗 [EB/OL]. [2022-12-12]. http://www.cloverbiopharma.com/cn/products/covid-19.html.

④ Coronavirus (COVID-19) update: FDA authorizes emergency use of Novavax COVID-19 vaccine, adjuvanted[EB/OL]. (2022-07-13) [2022-09-04]. https://www.fda.gov/news-events/press-announcements/coronavirus-covid-19-update-fda-authorizes-emergency-use-novavax-covid-19-vaccine-adjuvanted.

⑤ COVID-19 vaccines with WHO emergency use listing[EB/OL]. (2022-12-02). https://extranet.who.int/pqweb/vaccines/vaccinescovid-19-vaccine-eul-issued.

目前我国还未有获批在国内上市的国产 mRNA 新冠疫苗，但沃森生物和斯微生物的 mRNA 新冠疫苗分别在 2022 年 9 月和 12 月获得了印尼和老挝的海外紧急使用授权。此外，我国还有石药集团、艾美疫苗、康希诺生物、瑞科生物等多家医药公司在研的 mRNA 新冠疫苗已经进入临床试验阶段，部分候选疫苗已经提交序贯接种申请①。

2022 年 2 月 24 日，日本田边三菱制药公司在加拿大的子公司 Medicago 和 GSK 联合宣布，加拿大卫生部批准了其生产的新冠病毒疫苗 COVIFENZ® 可用于为 18 ～ 64 岁的成年人接种。该疫苗是世界首个获批的植物源人体疫苗。加拿大也成为全球第一个授权使用基于植物新冠病毒疫苗的国家。

（二）已上市新冠病毒疫苗效果研究

2022 年 1 月 19 日，《自然》（*Nature*）杂志发布了一项研究报告，法国国家健康与医学研究院、巴斯德研究所等机构的研究人员分析了奥密克戎变异株对以前感染过新冠病毒或接种过疫苗人群的抗体敏感性，结果发现，在接种过两剂辉瑞或阿斯利康疫苗 5 个月后，血液中的抗体不再能够中和奥密克戎变异株。在过去 12 个月内感染过新冠病毒的人中也观察到这种情况②。

2022 年 2 月 15 日，《科学》（*Science*）杂志网站发布一篇学术报告③，该研究纳入了 48 名接种过 Moderna 疫苗（mRNA-1273）或辉瑞 /BioNTech 疫苗（BNT162b2）的医护人员，研究结果显示，接种 mRNA 疫苗两剂后带来的中和抗体反应随时间推移而减弱，6 个月后对德尔塔和奥密克戎变异株基本无保护效力。

2022 年 3 月 15 日，阿根廷国家流行病学和国家战略信息局的研究人员在《柳叶刀》（*The Lancet*）杂志发表了 3 款新冠病毒疫苗的真实世界研究结果④，其中包括国药集团中国生物新冠病毒灭活疫苗（BBIBP-CorV）。研究显示，对于 60 岁及以上的老年人，

---

① 国产新冠 mRNA 疫苗研发进展如何？两款已在海外获紧急使用授权 [EB/OL]. (2022-12-14) [2022-12-20]. https://mp.weixin.qq.com/s?__biz=MzA4ODY4MDE0NA==&mid=2247555651&idx=1&sn=dd7b928af845310080642f791b11a52f&chksm=902429fca753a0eae7491ccb9555252046ad63c9aa7985fa7f035bbdf9e5525fc670139529ec&scene=27.

② PLANAS D, SAUNDERS N, MAES P, et al. Considerable escape of SARS-CoV-2 variant Omicron to antibody neutralization[J]. Nature, 2022, 602(7898):671-675.

③ EVANS P J, ZENG C, LOZANSKI G, et al. Neutralizing antibody responses elicited by SARS-CoV-2 mRNA vaccination wane over time and are boosted by breakthrough infection[J]. Science translational medicine, 2022,14(637):eabn8057.

④ REARTE A, CASTELLI M J, REARTE R, et al. Effectiveness of rAd26-rAd5, ChAdOx1 nCoV-19, and BBIBP-CorV vaccines for risk of infection with SARS-CoV-2 and death due to COVID-19 in people older than 60 years in Argentina: a test-negative, case-control, and retrospective longitudinal study[J]. Lancet,2022, 399(10331):1254-1264.

接种两剂国药集团中国生物新冠病毒灭活疫苗降低死亡风险的有效率为 85%。

2022 年 3 月 16 日，《细胞》杂志在线发表美国哈佛医学院 Beth Israel Deaconess 医疗中心团队的研究论文[①]，研究人员研究发现，针对食蟹猴中奥密克戎变异株的高剂量攻击，mRNA 疫苗（BNT162b2 疫苗）和腺病毒载体疫苗（Ad26.COV2.S 疫苗）可提供强有力的保护。此外，该研究还表明病毒学控制与抗体和 T 细胞反应相关。

2022 年 4 月 21 日，德国弗莱堡大学医学院、德国慕尼黑工业大学医学院病理研究所、德国癌症协会等机构的研究人员在肝病领域国际权威杂志《肝脏病学杂志》（*Journal of Hepatology*）发表研究报告[②]，报告了一起接种 2 剂辉瑞 mRNA 疫苗出现的急性肝炎的双峰发作（两次接种后均发作）医疗事件。研究人员认为，辉瑞 / BioNTech 公司联合开发的 mRNA 疫苗（BNT162b2）或可能引发一种罕见的以 T 细胞为介导的自身免疫性肝炎。

2022 年 12 月 2 日和 16 日，美国 CDC 分别在其官网发表研究报告，报告了辉瑞 / BioNTech 公司开发的首个 mRNA 新冠二价疫苗在真实世界中的临床有效性情况和预防住院有效性情况[③④]。研究结果显示，二价 mRNA 更新疫苗接种，为以前只接受过单价疫苗的人群提供了更多预防感染的保护，并且二价更新与末剂单价疫苗接种的间隔时间越长，额外疫苗有效性就越高；二价疫苗更新接种与未接种疫苗组相比，预防因新冠病毒感染住院的疫苗有效性为 84%，二价疫苗更新接种与≥ 2 次单价疫苗接种相比，预防因新冠病毒感染住院的相对疫苗有效率为 73%。

2022 年 12 月 9 日，中国国家联合疫苗工程技术研究中心杨晓明等在国际学术期刊《细胞 · 探索》（*Cell Discovery*）杂志发表文章[⑤]，发布了武汉地区新冠病毒感染康复者两年后的免疫变化，以及接种灭活疫苗后能够维持长期免疫力的研究结果，研究揭示灭活疫苗对新冠病毒感染康复者同样具有保护效力，其提供的重复抗原暴露，极大地提高

① CHANDRASHEKAR A, YU J Y, MCMAHAN K, et al. Vaccine protection against the SARS-CoV-2 Omicron variant in macaques[J]. Cell, 2022, 185(9):1549-1555.

② BOETTLER T, CSERNALABICS B, SAILE H, et al. SARS-CoV-2 vaccination can elicit a CD8 T-cell dominant hepatitis[J].Journal hepatology, 2022, 77(3):653-659.

③ Effectiveness of bivalent mRNA vaccines in preventing symptomatic SARS-CoV-2 infection — increasing community access to testing program, United States, September–November 2022[EB/OL]. (2022-12-24)[2022-12-28].https://www.cdc.gov/mmwr/volumes/71/wr/mm7148e1.htm?s_cid=mm7148e1_w.

④ Early estimates of bivalent mRNA vaccine effectiveness in preventing COVID-19–associated hospitalization among immunocompetent adults aged ≥65 years — IVY network, 18 States, September 8–November 30, 2022[EB/OL].(2022-12-24)[2022-12-28] https://www.cdc.gov/mmwr/volumes/71/wr/mm715152e2.htm?s_cid=mm715152e2_w.

⑤ LIANG H, NIAN X X, WU J Z, et al. COVID-19 vaccination boosts the potency and breadth of the immune response against SARS-CoV-2 among recovered patients in Wuhan[J].Cell discovery,2022, 8(1):131.

了针对新冠病毒的体液和细胞免疫反应的效力和广度，有效地保护康复者免受新冠病毒及其变异株的再次感染。

（三）加强接种效果与策略研究

2022 年 4 月 5 日，以色列耶路撒冷大学、特拉维夫大学医学院等机构的研究人员在国际期刊《新英格兰医学杂志》上发表研究论文①，报告了接种第四剂辉瑞/BioNTech 疫苗只能短暂预防感染新冠病毒，在第四周对预防奥密克戎感染的作用最大，到第八周时疫苗对确诊感染的保护作用迅速减弱，优势已不再明显，而预防进展为重症的保护效力持续时间较长。

2022 年 4 月 25 日和 5 月 5 日，以色列研究人员分别在《自然·医学》（*Nature Medicine*）杂志和《新英格兰医学杂志》发表研究论文②，探讨两剂加强针对奥密克戎变异株的保护效果，两篇论文结果均显示，老年人接种第二剂 BNT162b2 加强针，短期内可提供额外的保护，显著降低由奥密克戎变异株所致的感染和重症率，从而大幅降低奥密克戎感染所致的住院和死亡风险。

2022 年 6 月 20 日和 7 月 6 日，中国 CDC 主任高福团队分别在《柳叶刀·传染病》（*The Lancet Infectious Diseases*）杂志和《新英格兰医学杂志》发表研究论文③，研究显示接种国产重组蛋白疫苗 ZF2001，并且将第二针与第三针的接种间隔延长到 4 ～ 6 个月，能使接种者对奥密克戎 BA.4/BA.5 的中和抗体水平相对更高，这可能是目前国内应对 BA.5 最佳的接种策略。

2022 年 10 月 24 日和 25 日，美国华裔教授何大一团队和以色列学者 Dan Barouch 团队分别在预印本平台 bioRxiv 上传了关于目前美国推广接种的二价疫苗的免疫原性研究报告④⑤，两篇文章后续正式见刊《新英格兰医学杂志》。两项研究结果出奇一致：在之前接种的基础上接种原始型和双价疫苗后，血清对 BA.5 的中和滴度几乎没有差异。

---

① BAR-ON M Y, GOLDBERG Y, MANDEL M, et al. Protection by a fourth dose of BNT162b2 against Omicron in israel[J]. NEJM, 2022, 386(18):1712-1720.

② ARBEL R, SERGIENKO R, FRIGER M, et al. Effectiveness of a second BNT162b2 booster vaccine against hospitalization and death from COVID-19 in adults aged over 60 years[J]. Nature medicine,2022, 28(7):1486-1490.

③ ZHAO X, ZHANG R, QIAO S T, et al. Omicron SARS-CoV-2 neutralization from inactivated and ZF2001 vaccines[J].NEJM,2022, 387(3):277-280.

④ Antibody responses to Omicron BA.4/BA.5 bivalent mRNA vaccine booster shot[EB/OL].(2022-10-27)[2022-12-15].https://www.biorxiv.org/content/10.1101/2022.10.22.513349v1.

⑤ Immunogenicity of the BA.5 bivalent mRNA vaccine boosters[EB/OL].(2022-10-27)[2022-12-15]. https://www.biorxiv.org/content/10.1101/2022.10.24.513619v1.

而且 Barouch 团队文章显示，辉瑞和 Moderna 双价疫苗免疫原性无差异。这两项研究均提示：相比加强原始型疫苗，接种 BA.5 双价疫苗没有显著提高对 BA.5 的免疫原性。

2022 年 11 月 10 日，以色列 Sheba 医疗中心的研究团队在《新英格兰医学杂志》上发表了一项超大型回顾研究的研究报告[①]，证明打 3 剂 BNT162b2 mRNA 疫苗诱导的抗体水平可以维持很久；打 4 剂 BNT162b2 后，抗体滴度、中和抗体滴度和疫苗保护力都可以高水平维持半年以上，反驳了疫苗无用和疫苗作用短暂的猜测。

2022 年 11 月 18 日，以色列特拉维夫大学研究团队在《柳叶刀》杂志发表研究报告[②]，通过回顾性队列研究，研究人员分析了辉瑞 -BioNTech 公司的 mRNA 新冠疫苗 BNT162b2 作为第二剂加强疫苗（即第四次接种）的短期效果，并将其与加强疫苗第一剂的短期效果进行了比较，研究结果确认了其有效性，但安全性尚有待充分了解。

2022 年 11 月 24 日，瑞典卡罗琳斯卡学院的研究团队在《新英格兰医学杂志》发表研究报告[③]，研究结果表明，mRNA 疫苗能够诱导低水平但持久的分泌性 IgA（sIgA）抗体，并且 sIgA 水平高的疫苗接种者后期感染新冠病毒的风险明显降低。研究人员认为该结果是对提高上呼吸道分泌型 IgA 水平以预防新冠病毒感染这一假说的重要支持，指出新冠加强针更应该利用能够更好诱导黏膜免疫的疫苗，以诱导更高水平的 sIgA。

二、新冠病毒感染治疗药物研发进展

全球已上市和在研的新冠病毒感染治疗药物以小分子抗病毒药物和中和抗体两大类为主。截至 2022 年 11 月底，全球范围内批准使用的新冠病毒感染治疗药物已经超过 30 个，在研的候选药物中有 400 多个处于临床试验阶段，其中上市申请的有 6 个，临床 3 期的有 121 个，另有临床前 370 个[④]。此外，各国科研人员对多个已获批临床使用的新冠药物还开展了大量临床治疗效果研究。

① CANETTI M, BARDA N, GILBOA M, et al. Six-month follow-up after a fourth BNT162b2 vaccine dose[J]. NEJM,2022, 387(22):2092-2094.

② YECHEZKEL M, MOFAZ M, PAINSKY A, et al. Safety of the fourth COVID-19 BNT162b2 mRNA (second booster) vaccine: a prospective and retrospective cohort study[J].The lancet respiratory medicine, 2022, 11(2):139-150.

③ ZUO F L, MARCOTTE H, HAMMARSTRM L, et al. Mucosal IgA against SARS-CoV-2 Omicron infection[J]. NEJM,2022, 387(21):e55.

④ 刘丽丽，黄瑶庆，高月红，等 . 2022 年全球新冠肺炎疫苗和药物研究热点回眸 [J]. 科技导报，2023, 41 (1): 136-145.

（一）重点药物研发与审批动态

2022 年首次获批上市或紧急使用授权的新冠病毒感染治疗药物主要有礼来公司的中和抗体 Bebtelovimab、真实生物的 Vif 抑制剂阿兹夫定、日本盐野义制药公司的 3CLpro 抑制剂 Ensitrelvir 等。

1. 小分子药物

2022 年 2 月 11 日，中国国家药监局附条件批准辉瑞公司新冠病毒治疗药物奈玛特韦片 / 利托那韦片组合包装（Paxlovid）进口注册，距该药在 2021 年 12 月 22 日获得 FDA 紧急批准仅过去 50 天。Paxlovid 在美国首个获得批准的口服小分子新冠病毒治疗药物，用于治疗 12 岁及以上的伴有进展为重症高风险因素的轻至中度新冠病毒感染患者。

2022 年 11 月 22 日，日本盐野义制药公司宣布，公司旗下新冠口服药 Ensitrelvir（S-217622）的紧急使用授权获日本药品和医疗器械局（PMDA）批准，用于 12 岁以上的新冠病毒感染患者。该药每天服用一次，共服用 5 天。Ensitrelvir 是一种新冠病毒 3CL 蛋白酶抑制剂，作用机制与此前获批的辉瑞新冠口服药一致。9 月 28 日，盐野义制药公司曾公布该药在 3 期临床试验中获得成功[①②]。

2022 年 3 月 16 日，我国君实生物发布公告，称该公司研发的新型口服核苷类抗新冠病毒药物 VV116 完成了 3 项评估安全性、耐受性、药代动力学特征的 1 期临床研究，初步结果显示 VV116 在健康受试者中表现出令人满意的安全性和耐受性，且口服吸收迅速，可在空腹或普通饮食条件下口服用药。此前，临床前研究显示，VV116 在体内外都表现出显著的抗新冠病毒作用，对新冠病毒原始株和已知重要变异株均表现出抗病毒活性。

2022 年 5 月 17 日，中山大学医学院郭德银教授团队等在研发抗新冠病毒小分子口服药物方面取得显著进展，相关研究成果发表在《科学·转化医学》（*Science Translational Medicine*）杂志[③]。研究团队发现候选化合物 ATV006 具有可以在小鼠模型中有效抑制肺部病毒复制及缓解肺部病理损伤的性质，同时具有良好的口服药代性质，

---

① 盐野义新冠口服药在日本获紧急批准，已计划在中国递交上市申请 [EB/OL].(2022-11-23)[2022-12-15].http://k.sina.com.cn/article_5182171545_134e1a99902001gavb.html.

② Shionogi announces achievement of the primary endpoint for ensitrelvir fumaric acid (S-217622) in the Phase 3 part of the Phase 2/3 Clinical Trial in Asia[EB/OL]. (2022-09-28)[2022-12-15].https://www.shionogi.com/global/en/news/2022/09/20220928.html.

③ CAO L, LI Y J, YANG S D, et al. The adenosine analogue prodrug ATV006 is orally bioavailable and has preclinical efficacy against parental SARS-CoV-2 and variants[J].Science translational medicine,2022, 14(661):eabm7621.

并可在瑞德西韦（Remdesivir）代谢产物 GS-441524 的基础上通过 3 步简单转化得到，生产成本低廉。

2022 年 10 月 29 日，前沿生物在《抗病毒研究》（*Antiviral Research*）杂志发表了在研抗新冠病毒 3CL 蛋白酶抑制剂药物 FB2001（Bofutrelvir）的临床前研究结果[①]，数据表明，FB2001 具有确定的体外和体内抗新冠病毒活性，对各变异株均有效，与瑞德西韦（Remdesivir）联合用药的抗病毒效果更强，并且对脑组织的损伤具有缓解作用。在 FB2001 的开发策略上，公司聚焦治疗 + 预防两端，开发了注射用和雾化吸入用 FB2001 两种剂型。

2022 年 11 月 23 日，歌礼制药公司宣布 FDA 已批准新冠口服候选药物蛋白酶（3CLpro）抑制剂 ASC11 的新药临床试验申请[②]。该试验的目标是为在新冠病毒感染患者中开展关键 2/3 期临床试验确定合适剂量。在新冠病毒感染的抗病毒细胞实验中，ASC11 显示出远高于奈玛特韦（Nirmatrelvir）、S-217622、PBI-0451 和 EDP-235 等其他 3CLpro 抑制剂的抗新冠病毒活性。ASC11 对多种广泛传播的奥密克戎变异株，如 BA.1 和 BA.5 均保持强效抗病毒活性。

2022 年 11 月 24 日，石药集团宣布其开发的小分子化合物“SYHX1901 片”已获国家药监局批准，可在中国开展用于治疗重症新冠病毒感染成年患者的临床试验[③]。该药物是 JAK/TYK2 抑制剂，JAK-STAT 信号通路在新冠病毒诱导的促炎细胞因子过度活化中发挥重要作用，而细胞因子风暴是大多数新冠病毒感染重症患者死亡的原因。SYHX1901 片对 JAK-STAT 信号通路有抑制活力，对新冠病毒蛋白诱导的细胞因子释放显示了良好的抑制效果，是治疗有症状的新冠病毒感染的一种潜在疗法。

2. 中和抗体

2022 年 2 月 11 日，FDA 宣布批准礼来公司的新冠中和抗体 Bebtelovimab 的紧急使用授权，用于治疗轻度至中度的成年人和 12 岁及以上儿童（至少 40 kg）新冠病毒感染患者，以及有较高风险发展为重症的新冠病毒感染患者。Bebtelovimab 是一种针对新冠病毒棘蛋白的中和 IgG1 单克隆抗体（mAb），针对目前已知的所有变异株均保持了中和活性，包括奥密克戎和 BA.2 变异株。

---

① SHANG W J, DAI W H, YAO C, et al. In vitro and in vivo evaluation of the main protease inhibitor FB2001 against SARS-CoV-2[J]. Antiviral research,2022, Dec; 208: 105450.

② Ascletis announces IND approval of oral 3CLpro inhibitor ASC11 for COVID-19 by U.S. FDA[EB/OL]. [2022-11-25]. https://www.ascletis.com/news_detail/179/id/766.html.

③ 石药集团治疗新冠药品获批临床 [EB/OL]. (2022-11-23) [2022-12-24]. http://www.e-cspc.com/details/details_92_4817.html.

2022 年 7 月 10 日，全球目前唯一可以用于新冠病毒暴露前预防的中和抗体药物组合 Evusheld（中文商品名：恩适得）在海南博鳌乐城国际医疗旅游先行区完成首例注射使用[①]。Evusheld 由两种全人源长效单克隆抗体：替沙格韦单抗（Tixagevimab）和西加韦单抗（Cilgavimab）的抗体组成。2021 年 12 月，FDA 紧急批准该产品作为新冠病毒暴露前预防使用，供特定人群用于预防感染。

2022 年 7 月 7 日，腾盛博药宣布其旗下公司研发的长效新冠病毒中和抗体安巴韦单抗（BRII-196）和罗米司韦单抗（BRII-198）联合疗法在中国商业化上市[②]。2021 年 12 月 8 日，国家药监局应急批准了安巴韦单抗注射液及罗米司韦单抗注射液，可联合用于治疗轻型和普通型且伴有进展为重型高风险因素的成年人和青少年（12 ～ 17 岁，体重≥ 40 kg）新冠病毒感染患者，该治疗方法也在 2022 年 3 月被纳入《新型冠状病毒肺炎诊疗方案（试行第九版）》。

2022 年 2 月 24 日，军事医学研究院秦成峰团队与苏州艾博生物联合在《细胞研究》（*Cell Research*）在线发表研究报告，介绍了研究团队利用成熟的 mRNA-LNP 技术平台，成功开发了全球第一款“长效型”新冠病毒 mRNA 抗体（mRNA-HB27-LNP），单次给药 63 天后，仍能对受到致死剂量（LD_{50}）新冠病毒攻击的小鼠提供有效保护[③]。

2022 年 3 月 9 日，复旦大学应天雷、孙蕾及吴艳玲共同在《细胞》杂志上在线发表研究论文，报告了广泛中和抗体识别的奥密克戎变异株受体结合域上两个高度保守区域的鉴定，基于此研究团队开发了一种双特异性单域抗体[④]，该抗体能够同时协同地结合单个奥密克戎变异株受体结合结构域上的这两个区域。研究还证明了这种双特异性抗体可以通过吸入给药的方式有效地输送到肺部，并在新冠病毒感染的小鼠模型中表现出出色的中和广度和治疗效果。重要的是，这项研究还破译了刺突蛋白（S 蛋白）三聚体界面内一个不常见且高度保守的隐秘表位，这可能对设计广泛保护的新冠病毒疫苗和疗法产生影响。

2022 年 3 月 25 日，瑞典卡罗琳斯卡研究所的研究人员在《科学・进展》（*Science Advances*）杂志上发表研究论文，报告了其利用噬菌体展示技术结合高通量测序、功能

---

① 首个新冠预防抗体落地博鳌乐城 针对免疫脆弱人群 [EB/OL].(2022-07-10) [2022-12-25].http://www.eeo.com.cn/2022/0710/542840.shtml.

② 腾盛博药长效新冠中和抗体疗法在中国商业化上市 [EB/OL].(2022-07-18) [2022-12-25].https://www.cn-healthcare.com/articlewm/20220709/content-1397349.html.

③ DENG Y Q, ZHANG N N, ZHANG Y F, et al. Lipid nanoparticle-encapsulated mRNA antibody provides long-term protection against SARS-CoV-2 in mice and hamsters[J]. Cell research,2022, 32(4): 375-382.

④ LI G, ZHAN W Q, YANG Z L, et al. Broad neutralization of SARS-CoV-2 variants by an inhalable bispecific single-domain antibody[J].Cell,2022, 185(8):1389-1401.

筛选等方法，挖掘出了具有交叉中和 β - 冠状病毒活性的纳米抗体，有可能成为治疗新冠病毒感染的候选药物。同时该研究也为抗体发现提供了技术平台和新的策略[①]。

3. 老药新用、中药或中药成分

2022 年 7 月 25 日，国家药监局附条件批准增加我国自主研发的抗病毒口服药阿兹夫定片治疗新冠病毒感染适应证注册申请，阿兹夫定片成为我国第一个获批的抗新冠病毒小分子口服药[②]。阿兹夫定是人工合成的核苷类似物，通过靶向抑制 RNA 依赖性 RNA 聚合酶（RdRp），诱导错误突变的产生，从而抑制新冠病毒的复制。阿兹夫定最初用于治疗艾滋病。2021 年 7 月，国家药监局就已经附条件批准阿兹夫定与核苷逆转录酶抑制剂及非核苷逆转录酶抑制剂联用，治疗高病毒载量的成年艾滋病毒感染患者。

2022 年 5 月 31 日，泽璟制药发布公告称，公司旗下产品盐酸吉卡昔替尼片用于治疗重型新冠病毒感染患者的临床试验已经获得国家药监局批准[③]。盐酸杰克替尼是该公司自主研发的一种新型 JAK 抑制剂类药物，属于一类新药，能够显著抑制多种免疫炎症疾病的发生和发展。新冠病毒感染能够引起部分患者出现全身过度免疫炎症反应（细胞因子风暴）或肺组织炎症，进而导致重症肺炎，甚至危及生命；杰克替尼可以通过抑制这些过度免疫炎症反应，达到治疗重症肺炎的目的。

2022 年 12 月 22 日，国际知名药企罗氏宣布，FDA 已正式批准 Actemra（雅美罗®，托珠单抗）静脉注射用于治疗新冠病毒感染成年住院患者[④]，这是自 2010 年推出托珠单抗以来 FDA 批准的第七项适应证。FDA 曾于 2021 年 6 月授予托珠单抗紧急使用授权，用于治疗因新冠病毒感染住院的成年人和 2 岁及以上儿童。托珠单抗是 FDA 批准的第一个治疗新冠病毒感染的单克隆抗体，并建议单次 60 分钟静脉输注。

2022 年 2 月 17 日，中国农业科学院哈尔滨兽医研究所的研究团队在 *PLOS Pathogens* 上发表文章[⑤]，称经研究发现，缺血性心脏病及高血压的治疗药物地尔硫卓可

---

① HANKE L, SHEWARD J D, PEREZ VIDAKOVICS A M L, et al. Multivariate mining of an alpaca immune repertoire identifies potent cross-neutralizing SARS-CoV-2 nanobodies[J].Science advances,2022, 8(12):eabm0220.

② 国家卫健委：批准阿兹夫定片入新冠诊疗方案 [EB/OL].(2022-08-10)[2022-12-25].http://finance.sina.com.cn/jjxw/2022-08-10/doc-imizmscv5562911.shtml.

③ 泽璟制药：盐酸杰克替尼片用于治疗重型新冠患者的临床试验申请获得受理 [EB/OL].(2022-06-01) [2022-12-25].https://finance.sina.com.cn/stock/stockzmt/2022-06-01/doc-imizirau5880047.shtml?finpagefr=p_115.

④ FDA approves Actemra for hospitalized adults with COVID-19[EB/OL].(2022-12-28)[2022-12-30].https://www.fdanews.com/articles/210630-fda-approves-actemra-for-hospitalized-adults-with-covid-19.

⑤ WANG X X, LUO J, WEN Z Y, et al. Diltiazem inhibits SARS-CoV-2 cell attachment and internalization and decreases the viral infection in mouse lung[J]. PLoS pathogens,2022, 18(2): e1010343.

在感染早期有效抑制新冠病毒在细胞和小鼠肺部的感染。地尔硫卓为非二氢吡啶类钙通道阻滞剂的代表药物，靶向 L 型钙离子通道 Cav1.2 α1c 亚基。该亚基分子与新冠病毒刺突蛋白及其受体 ACE2 相互作用，介导病毒入侵细胞。地尔硫卓通过作用于该亚基，抑制新冠病毒吸附和内化进入细胞。

2022 年 3 月 14 日，*Small Science* 杂志在线发表了中山大学公共卫生学院（深圳）孙力涛课题组等的研究论文①，研究人员以新冠病毒的 3C 样蛋白酶（3CLpro）为靶点，基于现有的中草药小分子库，通过相互作用、质谱分析、复合物高分辨率结构解析及抗病毒等一系列实验，发现传统中药冬凌草甲素（Oridonin）可以与 3CLpro 的第 145 位半胱氨酸（Cys145）发生共价结合，能够让 3CLpro 失效，从而阻止病毒前体蛋白被水解，阻断病毒复制过程。

2022 年 4 月 6 日，中国医学科学院黄波教授团队等在《信号转导与靶向治疗》（*Signal Transduction And Targeted Therapy*）杂志发表研究论文②，提出靶向肺泡巨噬细胞是早期控制新冠病毒感染的有效策略，并通过新冠病毒感染小鼠模型找到两种临床上常用的老药，分别是治疗骨质疏松症的双膦酸盐如阿仑膦酸盐（ALN）和常用的抗炎药物地塞米松（DEX）。二者通过鼻腔喷雾局部给药的途径联合使用，可阻断新冠病毒从肺泡巨噬细胞的内吞体（一种包裹了病毒的囊泡）中逃逸，从而发挥控制感染的作用。

2022 年 4 月 25 日，印度科学研究所的研究人员在 *eLife* 杂志上发表研究论文③，提出一种用于治疗哮喘和过敏的药物可以结合并阻断新冠病毒产生的关键蛋白质 Nsp1，从而减少病毒在人类免疫细胞中的复制。这种名为孟鲁司特（Montelukast）的药物经 FDA 批准，已经使用 20 多年，通常用于治疗由哮喘、花粉热和荨麻疹等疾病引起的炎症。

2022 年 12 月 5 日，英国剑桥大学等研究机构的研究人员在《自然》杂志发表研究报告④，报告了研究人员发现一种临床上治疗胆汁淤积性疾病的药物——熊去氧胆酸（UDCA）能够关闭 ACE2 受体，从而阻断病毒进入人体细胞，因为从 2003 年的 SARS

① ZHONG B S, PENG W Y, DU S, et al. Oridonin inhibits SARS-CoV-2 by targeting its 3C-like protease[J]. Small science,2022, 2(6):2270012.

② WANG Z F, ZHOU Y B, BAO L L, et al. Airway administration of bisphosphate and dexamethasone inhibits SARS-CoV-2 variant infection by targeting alveolar macrophages[J]. Signal transduction and targeted therapy,2022, 7(1):116.

③ Asthma drug can block crucial SARS-CoV-2 protein[EB/OL].(2022-04-25)[2022-12-25]. https://medicalxpress.com/news/2022-04-asthma-drug-block-crucial-sars-cov-.html.

④ SHAH M M, JOYCE B, PLUMB D I, et al. Paxlovid associated with decreased hospitalization rate among adults with COVID-19 — United States, April–September 2022[J]. morbidity and mortality weekly report, 2022, 71(48): 1531-1537.

病毒到 2019 年的新冠病毒谱系都利用 ACE2 受体作为主要入侵受体，所以即使后续新冠病毒不断出现新的小规模变异，该药物也能保持效应。由于熊去氧胆酸的临床应用范围很广，研究人员还通过分析现有数据比较了使用熊去氧胆酸治疗肺病的人群和不使用该药物人群感染新冠病毒的结果，结果发现前者比后者更不容易出现重症新冠病毒感染。

2022 年 12 月 24 日，四川大学魏霞蔚团队在《信号转导与靶向治疗》（*Signal Transduction And Targeted Therapy*）杂志发表研究论文①，提出雷公藤红素（TP）脂质体是一种有效的潜在新冠病毒治疗药物，可缓解严重急性呼吸综合征。TP 是从中药雷公藤中分离出来的天然产物，以往研究表明 TP 具有抗炎和抗感染的作用。本研究将 TP 包裹成脂质体（TP 脂质体），发现 TP 脂质体治疗可减轻肺病理改变和病毒负担，并抑制感染细胞和小鼠的新冠病毒复制和过度炎症反应，是治疗新冠病毒诱导急性呼吸窘迫综合征的有前景的候选药物。

2022 年 10 月 14 日，日本富士公司宣布，决定停止开发其抗流感药物法匹拉韦片（*Avigan*）治疗新冠病毒感染的研究②。做出以上决定主要基于两点原因：除了法匹拉韦片在临床试验中未能确认有效性，目前主流的奥密克戎毒株重症率也比较低。值得一提的是，日本富士公司的法匹拉韦片的化合物专利已于 2019 年 8 月到期。国内海正药业的仿制药法维拉韦片（即法匹拉韦片）在 2020 年获国家药监局附条件上市，用于成年人新型或复发型流感的治疗（仅限于其他抗流感病毒药物治疗无效或效果不佳时使用）。而法维拉韦片针对新冠病毒的临床试验则处于 3 期临床阶段。

（二）部分已上市药物效果研究

2022 年 3 月 3 日，美国哥伦比亚大学何大一团队在《自然》杂志发表了关于抗体类治疗药物对新冠病毒感染疗效的研究论文③。研究人员发现，相比此前席卷欧美的奥密克戎变异株早期分支，BA.5 和近亲 BA.4 导致突破性感染的能力更强，研究人员先做了假病毒中和抗体实验，在研究评估的 19 种单抗中，18 种对 BA.4/5 的中和活性被全部或部分削弱，只有礼来公司单抗 Bebtelovimab 的中和活性未受明显影响，且真

① QUE H Y, HONG W Q, LAN T X, et al. Tripterin liposome relieves severe acute respiratory syndrome as a potent COVID-19 treatment[J]. Signal transduction and targeted therapy, 2022, 7(1): 399.

② FUJIFILM Toyama Chemical discontinues development of “Avigan® Tablet” anti-influenza drug as a treatment for COVID-19[EB/OL].(2022-10-14)[2022-12-25].https://www.fujifilm.com/jp/en/news/hq/8698#:~:text=News%20Release%20October%2014%2C%202022%20TOKYO%2C%20October%2014%2C,for%20use%20as%20a%20therapeutic%20drug%20against%20COVID-19.

③ IKETANI S, LIU L H, GUO Y C, et al. Antibody evasion properties of SARS-CoV-2 Omicron sublineages[J]. Nature, 2022, 604(7906): 553-556.

病毒中和实验也得到了一致的结果，这种现象主要与 BA.4/5 存在的 F486V 突变有关。Bebtelovimab 单抗于 2022 年 2 月 11 日获得 FDA 的紧急使用授权。

2022 年 7 月 21 日,《新英格兰医学杂志》在线刊报告了一项关于已获批抗体和抗病毒药物对奥密克戎变异株疗效的研究[①]。来自日本和美国的研究人员分析了 FDA 批准的几种单克隆抗体和抗病毒药物，结果发现，吉利德（Gilead）公司的瑞德西韦（Remdesivir）、默沙东公司的莫努匹韦（Molnupirvir），以及辉瑞公司的奈玛特韦（Nirmatrelvir）可以有效抑制 BA.2.12.1、BA.4 和 BA.5 的活性，礼来公司的单抗 Bebtelovimab 也能有效中和病毒。研究还发现，虽然包括 Casirivimab、Tixagevimab 在内的几种单克隆抗体并不能有效中和病毒或疗效较低，但在实验中，Casirivimab 和 Imdevimab 及 Tixagevimab 和 Cilgavima 的组合可以对病毒起到抑制作用。研究人员指出，在临床使用中，单克隆抗体联合治疗可能不太容易抑制上述变体，因此应谨慎使用。

2022 年 8 月 24 日,《新英格兰医学杂志》报告了一项在以色列开展的观察性研究[②]，研究结果显示，辉瑞公司的新冠口服药 Paxlovid 在 40 ～ 64 岁相对年轻的成年人群体中几乎没有表现出明显效果，只在 65 岁或以上的高危患者中起到作用，可显著降低住院率和死亡率。但同样指出，该观察性研究具有局限性，其直接取用了以色列一大型医疗系统 10 万余名大于 40 岁的感染者数据，而不是将患者纳入随机对照研究。对于这项研究结果，辉瑞公司的一位发言人拒绝发表评论。

2022 年 10 月 8 日，香港大学医学院 Gabriel Leung 等在《柳叶刀》杂志发表了迄今最大的抗新冠病毒药物 Paxlovid 和 Molnupiravir 对奥密克戎有效性的真实世界病例对照研究[③]。研究发现，与未用药对照组相比，使用默沙东公司的 Molnupiravir 可将死亡风险降低 24%，将住院后疾病进展风险降低 43%，但不能降低住院风险。辉瑞的 Paxlovid 效果更为显著，可将死亡风险降低 66%，将住院风险降低 24%，将住院后疾病进展风险降低 43%。研究指出，口服药物使用越早，对老年人就越有效。

2022 年 9 月 15 日,《英国医学杂志》(*BMJ*) 以“WHO strongly advises against antibody treatments for covid-19 patients”为题发表研究报告，WHO 指南制定小组

① TAKASHITA E, YAMAYOSHI S, SIMON V, et al. Efficacy of antibodies and antiviral drugs against Omicron BA.2.12.1, BA.4, and BA.5 subvariants[J]. NEJM, 2022, 387(5):468-470.

② ARBEL R, SAGY W Y, HOSHEN M, et al. Nirmatrelvir use and severe Covid-19 outcomes during the Omicron surge[J]. NEJM, 2022, 387(9):790-798.

③ WONG K H C, AU C H I, LAU T K K, et al. Real-world effectiveness of molnupiravir and nirmatrelvir plus ritonavir against mortality, hospitalisation, and in-hospital outcomes among community-dwelling, ambulatory patients with confirmed SARS-CoV-2 infection during the omicron wave in Hong Kong: an observational study[J]. Lancet, 2022, 400(10359): 1213-1222.

国际专家小组不建议将抗体药物索托韦单抗（Sotrovimab）和卡西瑞－伊德维单抗（Casirivimab-Imdevimab）用于新冠病毒感染患者[①]。这两种药物开发于新冠大流行暴发初期，通过与新冠病毒刺突蛋白结合发挥作用，从而中和新冠病毒感染细胞的能力。但基于实验室研究的新证据表明，这两种药物不太可能对抗目前流行的奥密克戎变种。与此同时，WHO 扩大了对抗病毒药物瑞德西韦的有条件推荐，建议各国可为住院最高风险群体，包括重症新冠病毒感染患者及非重症新冠病毒感染患者提供瑞德西韦。WHO 还建议，除了皮质类固醇，现在可将 3 种用于治疗关节炎的药物——IL-6 受体阻滞剂托珠单抗、沙利姆单抗和 JAK 抑制剂巴瑞替尼，联合用于重症或危重症新冠病毒感染患者。

2022 年 11 月 22 日，根据美国 CDC《发病率和死亡率周报》（*Morbidity and Mortality Weekly Report*）的一项观察性研究[②]，在诊断后 5 天内接受抗病毒药物 Paxlovid 的成年美国新冠病毒感染患者的住院率比非接受者低 51%。

2022 年 12 月 22 日，《柳叶刀》杂志发表了一项来自牛津大学的大型研究[③]，研究人员提出，在当前人群普遍接种过疫苗的环境下，默沙东公司开发的新冠抗病毒药物 Molnupiravir 不能降低已接种疫苗的新冠病毒感染患者的住院率和死亡率。另外，Molnupiravir 是一种 RdRp 抑制剂，鉴于 Molnupiravir 有诱导病毒发生 RdRp 耐药突变的风险，其是否值得继续应用有待商榷。

三、感染后果与“长新冠”研究

2022 年，新冠病毒感染的治疗和预后仍是全球医疗与生物医学界的研究热点，尤其是进入疫情的第三年，各种“新冠后遗症”在全球新冠病毒感染患者中造成的深刻影响越来越受到关注，国际上一般称之为“长新冠”（Long COVID）[④]，各国科学家对其发

① WHO strongly advises against antibody treatments for covid-19 patients[EB/OL]. [2022-12-20]. https://medicalxpress.com/news/2022-09-strongly-antibody-treatments-covid-patients.html.

② SHAH M M, JOYCE B, PLUMB D I, et al. Paxlovid associated with decreased hospitalization rate among adults with COVID-19 — United States, April–September 2022[J]. Morbidity and mortality weekly report,2022, 71(48):1531-1537.

③ BUTLER C C, HOBBS F D R, GBINIGIE A O，et al. Molnupiravir plus usual care versus usual care alone as early treatment for adults with COVID-19 at increased risk of adverse outcomes (PANORAMIC): an open-label, platform-adaptive randomised controlled trial[J].The lancet，2022，401(10373):281-293.

④ WHO Director-General's opening remarks at the media briefing on COVID-19-12 October 2020[EB/OL]. (2020-10-12)[2022-10-12].https://www.who.int/director-general/speeches/detail/who-director-general-s-opening-remarks-at-the-media-briefing-on-covid-19---12-october-2020.

病机制、临床特征、对人体长期影响等开展了大量研究。

（一）新冠病毒感染对儿童的影响

2022 年 1 月 12 日，*JAMA Netw Open* 报告了一项关于新冠病毒感染儿童患者发展为重症的危险因素的研究，加拿大卡尔加里大学等机构的团队联合在阿根廷、澳大利亚、加拿大、美国等 10 个国家招募了 3221 名新冠阳性儿童（17 岁及以下），这些儿童于 2020 年 3 月 7 日—2021 年 6 月 15 日曾前往医院就诊，早于德尔塔和奥密克戎变异株出现的时间。研究结果发现，3% 的新冠病毒感染儿童患者在出现症状后 2 周内发展为严重疾病，与新冠病毒感染严重疾病相关的危险因素包括患有慢性病、症状持续时间长等①。

2022 年 5 月 13 日，英国帝国理工学院免疫学和炎症系和美国加利福尼亚州洛杉矶 Cedars Sinai 医疗中心的研究团队在《柳叶刀 · 胃肠病和肝病学》（*The Lancet Gastroenterology and Hepatology*）杂志上发表研究论文指出②，近期全球频发的不明原因儿童急性肝炎可能与新冠病毒导致的超级抗原有关。在患儿感染新冠病毒后，其体内病毒库可能会随着时间的推移导致反复的超级抗原介导的免疫细胞激活，如多系统炎症综合征（MIS-C）。如果存在此类病毒库，并且儿童随后感染了腺病毒，这种超抗原介导的影响可能会更加明显，并可能导致免疫异常，如近期报告的急性重度肝炎。

2022 年 8 月 5 日，美国 CDC《发病率和死亡率周报》的一项研究报告发表了新冠病毒感染儿童患者在心血管、肾脏和代谢方面的长期表现③，美国 CDC 新冠病毒感染应急小组的研究人员评估了 2020 年 3 月 1 日—2022 年 1 月 31 日 781 419 名曾受感染的美国儿童和 2 344 257 名未受感染的对照组儿童中被认为与新冠病毒感染有关的 9 种持续的症状和表现，结果发现感染新冠病毒后，儿童更大概率患有急性肺栓塞、心肌炎和心肌病（分别是心肌炎症和心脏扩大）、静脉血栓、急性和未指明的肾衰竭、1 型糖尿病、凝血和出血性疾病、2 型糖尿病和心律异常。

2022 年 8 月 22 日，《美国医学协会儿科》（*JAMA Pediatr*）杂志在线刊发研究论

① FUNK L A, FLORIN A T, KUPPERMANN N， et al. Outcomes of SARS-CoV-2–positive youths tested in emergency departments: the global PERN–COVID-19 study[J]. JAMA network open, 2022, 5(1): e2142322.

② BRODIN P, ARDITI M. Severe acute hepatitis in children: investigate SARS-CoV-2 superantigens[J]. The lancet gastroenterology and hepatology,2022, 7(7):594-595.

③ IZQUIERDO-PUJOL J, MORON-LOPEZ S, BOEHMER K T, et al. Post–COVID-19 symptoms and conditions among children and adolescents — United States, March 1, 2020–January 31, 2022[J]. Morbidity and mortality weekly report,2022, 71(31):993-999.

文[①]，分析了儿童新冠病毒感染急性后遗症（PASC）发生率与临床特征，以帮助识别与儿童 PASC 相关的诊断症状和药物治疗。研究发现，与新冠病毒感染关系最密切的综合征、全身性病症分别是味觉 / 嗅觉丧失、心肌炎、咳嗽和感冒；急性病期间在重症监护室接受护理的儿童、5 岁以下的儿童和患有复杂慢性病者，其发生 PASC 的概率更高。

（二）新冠病毒感染对呼吸系统的影响

2022 年 1 月 17 日，美国著名基因技术公司 23andMe Inc 的研究团队在《自然・遗传学》（*Nature Genetics*）杂志上发表研究论文[②]，提出了感染新冠病毒后个体是否易产生味觉或嗅觉丧失症状的遗传风险因素。研究人员收集了超过 100 万参与者的自我报告数据，进行了全基因组关联研究（GWAS），并与那些感染新冠病毒但未出现嗅觉或味觉丧失的人进行对比，最终在 4 号染色体上的 *UGT2A1* 和 *UGT2A2* 基因附近鉴定到了一个重要单核苷酸多态性位点——rs7688383，该位点 C to T 的突变，使个体感染新冠病毒后失去嗅觉或味觉的可能性上升了 11%。

2022 年 8 月 4 日，根据发表在《美国医学会耳鼻喉科－头颈外科杂志》（*JAMA Otolaryngology-Head & Neck Surgery*）杂志上的一项研究报告[③]，意大利和英国的研究人员随访了 168 名受访者并分别在 4 周和 8 周、6 个月和 2 年时完成了症状调查问卷，结果发现有 12.8% 的新冠病毒感染患者在康复 2 年后仍未恢复嗅觉和味觉。与味觉或嗅觉无关的最常见症状是疲劳（18.5%）和呼吸短促（10.7%）。

2022 年 12 月 21 日，杜克大学研究人员在《科学・转化医学》杂志上发表研究论文[④]，揭示了新冠病毒感染在极少数患者中造成几个月时间嗅觉失灵的原因是免疫损伤。研究人员对 9 名发生新冠病毒感染后具有较长时间嗅觉失灵的患者的嗅神经上皮细胞进行了分析，在 24 个样本中，发现嗅神经上皮细胞中没有新冠病毒 RNA，也就是没有病毒直接感染的证据，但是嗅神经支持细胞基因表达出现了显著的炎症信号上调。同时，

① RAO S, LEE M G, RAZZAGHI H, et al. Clinical features and burden of postacute sequelae of SARS-CoV-2 infection in children and adolescents[J]. JAMA pediatrics, 2022, 176(10): 1000-1009.

② SHELTON F J, SHASTRI J A, FLETEZ-BRANT K, et al. The UGT2A1/UGT2A2 locus is associated with COVID-19-related loss of smell or taste[J]. Nature genetics, 2022, 54(2): 121-124.

③ BOSCOLO-RIZZO P, FABBRIS C, POLESEL J, et al. Two-year prevalence and recovery rate of altered sense of smell or taste in patients with mildly symptomatic COVID-19[J]. JAMA otolaryngology head & neck surgery, 2022, 148(9): 889-891.

④ FINLAY B J, BRANN H D, HACHEM A R, et al. Persistent post–COVID-19 smell loss is associated with immune cell infiltration and altered gene expression in olfactory epithelium[J]. Science translational medicine, 2022, 14(676):eadd0484.

在活检样本中发现了大量浸润的 IFN-γ + T 细胞和 DC 浸润，但抗炎 M2 单核细胞逐渐消失。研究结果表明，在新冠病毒从组织中消除后很长时间，T 细胞介导的炎症仍持续存在于嗅神经上皮细胞中，这在一定程度上揭示了新冠病毒感染后长期气味丧失的机制。

（三）新冠病毒感染对心脑血管系统的影响

2022 年 8 月 2 日，《自然》杂志刊发题为“Heart disease after COVID：what the data say”的新闻特写，指出感染新冠病毒或增加 20 种心血管疾病的风险，并简要介绍了多项相关研究[①]。

一项根据美国退役军人事务部（VA）15 万人医疗记录开展的研究[②]，评估了新冠病毒感染导致心血管问题的概率。结果发现，新冠病毒感染患者在感染后的一年里，有 20 种心血管疾病的患病风险会显著上升，包括心脏病发作和脑卒中；进过重症监护室的急性感染患者在之后一年的心血管问题风险急剧增加；有些症状的发作风险是无感染史同龄人的至少 20 倍；即使是没有住院的新冠病毒感染患者，许多疾病的患病风险也会上升。

此外，英国医疗保健系统的数据显示，新冠病毒感染住院患者在住院后 8 个月内出现严重心血管问题的风险是未感染患者的 3 倍左右。华盛顿大学健康计量与评估研究所的团队估算了美国与新冠病毒感染相关的心脏病和脑卒中发作病例数量，2020 年美国新冠病毒感染后的并发症额外导致了 12 000 例脑卒中和 44 000 例心脏病发作，2021 年分别上升至 18 000 例和 66 000 例。英国一项名为“新冠肺炎出院后研究”（PHOSP-COVID）的多中心研究项目发现，只有 1/4 的住院患者在感染一年后感到完全康复，另外已经鉴定出与最严重的“长新冠”病例相关的免疫标志物。牛津大学一项针对超过 50 万例新冠病毒感染病例的研究发现，这些患者在感染后两周内出现血栓的风险比流感患者高了 167%。美国耶鲁大学研究团队在对新冠病毒感染住院患者的急性期抗体进行表征时，发现了大量针对人体组织的抗体。美国圣路易斯医疗保健系统研发服务临床流行病学中心研究发现，打疫苗、再感染、奥密克戎变异株都给新冠病毒感染患者的心血管影响带来了新的问题，疫苗能减轻、但不能消除这些长期问题的风险。

2022 年 9 月 5 日，《自然 · 医学》杂志刊发德国法兰克福大学研究团队的研究报

---

① SIDIK M S. Heart disease after COVID: what the data say[J]. Nature, 2022, 608(7921): 26-28.

② XIE Y, BOWE B, AL-ALYZ, et al. Long-term cardiovascular outcomes of COVID-19[J]. Nature medicine, 2022, 28(3): 583-590.

告[①]，研究人员收集了 362 名轻症新冠病毒感染患者数据后发现，超七成的轻症患者发病 3 个月后仍有心脏不适症状，最常见的是劳力性呼吸困难（62%）、心悸（28%）及非典型胸痛（27%）。影像学评估显示，持续性心脏症状可能与轻度慢性炎症性心脏受累有关，包括弥漫性心肌炎症及心包炎症等。与传统的病毒性心肌炎不同的是，上述症状更类似于自身免疫性疾病。

（四）新冠病毒感染对神经系统的影响

2022 年 2 月 18 日，美国密苏里州退役军人事务部圣路易斯医疗保健系统流行病学中心的研究人员在《英国医学杂志》发表的研究论文指出[②]，在追踪一年多达数百万份健康记录后，研究人员发现，新冠病毒感染康复者即使是轻度病例，其患一系列精神健康疾病的风险也会显著增加。其中，新冠病毒感染患者罹患焦虑症的风险增加了 35%，抑郁症的风险增加了 39%，压力相关疾病的风险增加了 38%，睡眠问题的风险增加了 41%。使用阿片类药物的风险增加了 76%，认知能力下降的风险增加了 80%。

2022 年 3 月 7 日，英国牛津大学研究团队在《自然》杂志发表研究论文[③]，该团队分析了英国生物样本库（UK Biobank）的 785 例受试者（其中 401 人为新冠病毒感染患者），对其进行过两次脑扫描和认知测试。研究发现，感染组和对照组的大脑有 68 个显著差别的变化，差异最大的 4 个脑部区域分别是在梨状皮质、嗅结节的功能连接区域，以及海马旁回和外侧眶额皮质。

2022 年 11 月 16 日和 17 日，英国牛津大学和美国西奈山伊坎医学院的团队分别在《神经学》（*Neurology*）和《北美影像诊所》（*Neuroimaging Clinics of North America*）杂志发表研究报告[④⑤]，总结了感染新冠病毒后神经系统急性并发症情况，重点包括：①神经系统的常见良性并发症是嗅觉丧失（40%）和味觉丧失（38%），嗅觉和味觉发生不同程度改变的平均时间为出现症状后 7 天；另一种常见神经症状是头痛，通常会在一周内消退，但有部分患者会在初次感染后出现长期头痛或偏头痛。②脑血管意外（CVAs）

---

① PUNTMANN O V, MARTIN S, SHCHENDRYGINA A, et al. Long-term cardiac pathology in individuals with mild initial COVID-19 illness[J]. Nature medicine, 2022, 28(10): 2117-2123.

② Ziyad Al-Aly, et al. Mental health in people with covid-19[J]. BMJ,2022, 376:415.

③ GWENAËLLE D, SOOJIN LEE, FIDEL A A, et al. SARS-CoV-2 is associated with changes in brain structure in UK Biobank[J]. Nature, 2022, 604(7907):697-707.

④ TAQUET M, DEVINSKY O, CROSS J H, et al. Incidence of epilepsy and seizures over the first 6 months after a COVID-19 diagnosis: a retrospective cohort study[J]. Neurology,2022, 100(8):e790-e799.

⑤ CHANG S, SCHECHT M, JAIN R, et al. Acute neurological complications of coronavirus disease[J]. Neuroimaging clinics of north america, 2022, 33(1):57-68.

的发生率高达6%，动脉CVAs大致可分为缺血性卒中和出血性卒中，最常见于老年人及有超重/肥胖、高血压、高脂血症和糖尿病等相关危险因素的人群。新冠病毒还可导致静脉血管内并发症，如脑静脉窦血栓形成（CVST），无心血管危险因素的年轻新冠病毒感染患者也可能会发生此类并发症。③具有潜在共病或接受免疫抑制治疗（如类固醇）的新冠病毒感染患者发生机会性感染的风险增加，包括神经炎症性疾病，如细菌、真菌或病毒性脑膜炎。单纯脑膜炎患者可表现为发热、头痛和颈项强直。④新冠病毒感染患者，尤其是儿童和非严重感染者，在未来6个月内患癫痫或癫痫发作的可能性比流感患者高55%，但总体风险仍然较低。⑤感染新冠病毒之后周围神经系统也会引起一些症状，包括周围运动、感觉神经的结构和功能障碍，具体表现为味觉障碍、性欲减退、面瘫、乏力及肢体远端感觉异常和手套－袜套样感觉减退等。

2022年11月21日，美国、英国、意大利等国家的多家医学院的研究团队联合在《神经病学·神经免疫学·神经炎症》（*Neurology Neuroimmunology & Neuroinflammation*）杂志发表研究报告，称接种阿斯利康（AstraZeneca，ChAdOx1S）或辉瑞（Pfizer，BNT162b2）疫苗后或可诱发中枢神经系统急性炎症[①]。经研究发现，接种阿斯利康疫苗与12/14抗体阳性病例相关，主要为髓鞘少突胶质细胞糖蛋白抗体相关疾病（非典型）。在血清阴性组中，阿斯利康和辉瑞疫苗之间观察到表型差异。研究表明，阿斯利康疫苗对炎症性中枢神经系统疾病，特别是髓鞘少突胶质细胞糖蛋白抗体相关疾病，可能存在潜在的致病作用。

（五）"长新冠"发病率研究

2022年5月12日，中日友好医院曹彬课题组等团队在《柳叶刀·呼吸病学》（*The Lancet Respiratory Medicine*）杂志发表研究论文[②]，介绍了一项关于武汉新冠病毒感染住院患者出院2年内的随访结果研究。研究纳入2020年1月7日—5月29日武汉金银潭医院的1192名新冠病毒感染住院患者，与普通人群相比，新冠病毒感染康复者在初次感染2年后的健康状况往往较差，约半数新冠病毒感染康复者出院2年后仍存在新冠病毒感染长期影响，如疲劳和睡眠困难。

2022年8月26日，《柳叶刀》杂志的一篇研究报告介绍了一项来自荷兰的观察性

① FRANCIS G A, ELHADD K, CAMERA V, et al. Acute inflammatory diseases of the central nervous System After SARS-CoV-2 vaccination[J]. Neurology neuroimmunology & neuroinflammation, 2022, 10(1): e200063.

② HUANG L X, LI X, GU X Y, et al. Health outcomes in people 2 years after surviving hospitalisation with COVID-19: a longitudinal cohort study[J]. The lancet respiratory medicine, 2022, 10(9): 863-876.

研究[①]，研究人员分析了 4231 名新冠病毒感染成年幸存者和 8462 名匹配的对照组在感染或匹配日期后 3 ～ 5 个月内，即新冠病毒疫苗在该国推广之前，长期新冠病毒感染症状的性质、流行率和严重程度。结果发现，新冠病毒感染的幸存者在 3 至 5 个月时报告了胸痛、气短、呼吸和肌肉疼痛、味觉或嗅觉丧失、手臂和腿部刺痛和沉重、喉咙有肿块、先热后冷的感觉，以及疲劳等症状。在所有受观察的患者中，有 12.7% 有可归因于新冠病毒感染的症状。

2022 年 8 月 24 日，美国知名智库布鲁金斯学会发布研究报告[②]，称全美国目前有约 1600 万工作年龄人口（18 ～ 65 岁）正在忍受新冠病毒感染长期后遗症的折磨，占全美国总工作年龄人口的 8%，其中有多达 400 万人因此被迫离开工作岗位，由此带来的直接收入损失可能高达每年 2300 亿美元。如果将工作效率降低导致的经济损失、生活质量下滑及为治疗“长新冠”所需的医疗费用等计算在内，年均经济损失将再增加 5440 亿美元。

2022 年 10 月 10 日，《美国医学会杂志》（*JAMA*）刊发专题研究论文[③]，阐述了有关新冠病毒感染确诊患者长期后遗症的研究结果。这项研究由 WHO 牵头、全球医学科研工作者合作完成，共纳入了 22 个国家共 120 万新冠病毒感染确诊患者自我报告的随访情况。该研究对于新冠病毒感染长期后遗症的定义为：确诊 3 个月后还有症状，且持续最少 2 个月。基于最常见的 84 种症状，研究人员整理了 3 个“长新冠症状群”，分别是持续性疲劳并伴随身体疼痛或情绪波动、认知问题、持续性的呼吸问题。研究发现，在 2020 年和 2021 年有症状的新冠病毒感染患者中，约有 6.2% 的患者在感染后 3 个月至少经历了上述 3 种长新冠症状群中的一种，3.7% 的患者有持续性的呼吸问题，3.2% 的患者表现为持续性疲劳并伴随身体疼痛或情绪波动，2.2% 的患者有认知问题。但到患病后第 12 个月时，仅有 0.9% 的患者仍有长期后遗症。该研究还发现，住院患者患长期后遗症的比例显著增高。3 个月时住院患者患长期后遗症的比例为 27.5%，非住院患者为 5.7%；12 个月时住院患者患长期后遗症的比例为 11.1%，非住院患者为 0.7%。ICU 监护患者患长期后遗症的比例更高，3 个月时达 43.1%，12 个月时为 20.5%。

---

① BALLERING V A, VAN ZON S K R, OLDE HARTMAN T C, et al. Persistence of somatic symptoms after COVID-19 in the Netherlands: an observational cohort study[J]. The lancet,2022, 400(10350):452-461.

② New data shows long Covid is keeping as many as 4 million people out of work[EB/OL].[2022-09-21]. https://www.brookings.edu/research/new-data-shows-long-covid-is-keeping-as-many-as-4-million-people-out-of-work/.

③ Global Burden of Disease Long COVID Collaborators, HANSON W S, ABBAFATI C, et al. Estimated global proportions of individuals with persistent fatigue, cognitive, and respiratory symptom clusters following symptomatic COVID-19 in 2020 and 2021[J]. JAMA,2022, 328(16):1604-1615.

（六）其他研究

2022 年 2 月 17 日，香港中文大学医学院和香港大学李嘉诚医学院的研究人员在《干细胞报告》（*Stem Cell Reports*）杂志上发表研究论文①，揭示了新冠病毒诱发血管炎症的机制。研究团队利用干细胞培植进行模拟新冠病毒感染，并利用单细胞分析技术，从新冠病毒感染轻症及重症患者的血液中收集并分析游离内皮细胞的基因组。结果发现，此前普遍认为可以让病毒进入细胞的受体 ACE2 同时存在保护内皮细胞的功能，避免人体感染新冠病毒后出现过度炎症，而且新冠病毒可以不用进入细胞内部，只需激活 TLR4 受体就可诱发血管炎症。

2022 年 2 月 18 日，香港大学袁国勇团队在《临床传染病》（*Clinical Infectious Diseases*）杂志发表研究论文②，证实了即使仅出现轻度肺炎症状，新冠病毒也可导致仓鼠急性睾丸损伤、慢性不对称睾丸萎缩，以及仓鼠的激素变化。研究人员指出应重视男性新冠病毒感染患者可能出现的性腺机能减退（性欲低下）和生育能力降低，而新冠病毒疫苗接种可以预防这种并发症的出现。

2022 年 3 月 21 日，美国密苏里州退役军人事务部圣路易斯医疗保健系统的科研团队在《柳叶刀·糖尿病与内分泌学》（*Lancet Diabetes & Endocrinology*）杂志发表研究论文③，介绍了该团队将超过 18 万名存活 1 个月以上的新冠病毒感染患者病历，与两组人数均超过 400 万的未感染者病历进行对比后发现，出院一年后，未感染者糖尿病发病率为 35‰，而新冠病毒感染者发病率则达到了 48‰，比前者高出 40%，且其罹患的几乎都是 2 型糖尿病。另外，该研究还发现，即使是轻症且自身没有糖尿病风险因素的新冠病毒感染患者，患糖尿病风险也会增加，而其中的肥胖者患病风险会增加 1 倍以上。

2022 年 11 月 15 日，中国医学科学院和协和医院联合团队在 *BMC Medicine* 杂志上发表研究论文④，该团队通过对涉及近 4000 万人的 9 项研究进行荟萃分析发现，与其他

---

① MA Z J, LI X S, FAN L Y R, et al. A human pluripotent stem cell-based model of SARS-CoV-2 infection reveals an ACE2-independent inflammatory activation of vascular endothelial cells through TLR4[J]. Stem cel reports,2022, 17(3):538-555.

② LI C, YE Z H, CHAN F W, et al. Severe acute respiratory syndrome coronavirus 2 (SARS-CoV-2) infection by intranasal or intratesticular route induces testicular damage [J]. Clinical infectious diseases, 2022, 75(1):e974-e990.

③ XIE Y, AL-ALY Z, DUTTA S, et al. Risks and burdens of incident diabetes in long COVID: a cohort study diabetes & endocrinology[J]. Lancet diabetes & endocrinology, 2022,10(5):311-321.

④ ZHANG T, MEI Q M, ZHANG Z C, et al. Risk for newly diagnosed diabetes after COVID-19: a systematic review and meta-analysis[J].BMC medicine, 2022, 20(1):444.

上呼吸道病毒感染患者相比，新冠病毒感染康复患者患糖尿病的风险高 20%，与一般人群相比，患糖尿病的风险增加了 82%。造成这一现象可能的机制包括新冠病毒对胰腺细胞的影响，以及对病毒有夸张免疫反应的人的细胞因子风暴可能会促进胰岛素抵抗。

2022 年 12 月 12 日，美国、英国、意大利等国家的多家医学院联合在《自然·通讯》（*Nature Communications*）杂志上发表研究论文，报告了新冠病毒对眼睛的严重损害①。研究人员观察了鼻内感染新冠病毒的小鼠，其一般视网膜厚度增加，外核层也显著增加。研究人员认为小鼠模型中的新冠病毒通过由三叉神经（TN）和视神经（ON）组成的网络从肺部传播到大脑和眼睛，感染促进了眼部症状和视网膜炎症，从而增加了细胞因子的产生。

2022 年 12 月 14 日，NIH 的研究团队在《自然》杂志发表了一项研究报告②，揭示了新冠病毒会长期存在于人体全身多个部位。研究人员通过对未接种疫苗的伴随新冠病毒感染死亡的 44 例病例进行尸检，发现在感染早、中、晚期个体的 84 个不同解剖位置（包括整个大脑）和体液中均能检测到新冠病毒 RNA，提示新冠病毒感染的广泛性和持续性。该研究提供了迄今为止对新冠病毒在人体中分布、量化和持久性的最全面分析。

四、病原与流行病学研究

（一）病原学研究

2022 年 1 月 6 日，南方科技大学王培毅教授团队联合中国科学院微生物研究所等单位，在《细胞》杂志在线发表研究论文③，首次解析了新冠病毒两个关键变异株奥密克戎和德尔塔 RBD 区与人 ACE2（hACE2）的复合物结构，阐明了其相互作用的分子机制。研究团队发现，与新冠病毒原型毒株相比，奥密克戎和德尔塔突变株的 RBD 与 hACE2 的结合能力没有明显变化。

① JEONG U G, KWON H J,NG W H, et al. Ocular tropism of SARS-CoV-2 in animal models with retinal inflammation via neuronal invasion following intranasal inoculation[J].Nature communication,2022, 13(1):7675.

② STEIN R S, RAMELLI C S, GRAZIOLI A, et al. SARS-CoV-2 infection and persistence in the human body and brain at autopsy[J]. Nature,2022, 612(7941):758-763.

③ HAN P C, LI L J, LIU S, et al. Receptor binding and complex structures of human ACE2 to spike RBD from Omicron and Delta SARS-CoV-2[J].Cell,2022, 185(4):630-640.

2022 年 1 月 24 日，中国科学院生物物理所王祥喜教授团队在《细胞》杂志发表研究论文[①]，介绍了研究人员利用冷冻电镜技术解析奥密克戎 Spike Trimer 抗原及 Spike Trimer 与 ACE2 受体的复合物结构，并通过结构分析及生化实验对其进行了解析。

2022 年 2 月 28 日，中国科学院分子细胞科学卓越创新中心及中国科学院上海巴斯德研究所研究人员在《自然》杂志在线发表研究论文[②]，研究人员通过冷冻 -EM 分析，展示了 Omicron 刺突蛋白的闭合和开放状态，其看起来比 G614 病毒株更紧凑，可能是奥密克戎免疫逃逸机制的关键。

2022 年 4 月 6 日，美国麻省波士顿儿童医院的科研人员在《自然》杂志上发表研究报告[③]，提出新冠病毒可以感染免疫细胞，且并非是通过人们熟悉的 ACE2 受体，而是在抗体的“帮助”下通过 Fcγ 受体进入细胞。研究者发现在许多单核细胞中存在新冠病毒核衣壳，而这些单核细胞毫无例外地都表达了一种表面受体 CD16，也就是结合抗体的 Fc 受体家族的 FcγRⅢa，它主要参与抗体依赖的细胞吞噬作用（ADCP）。新冠病毒侵入细胞的一个重要途径，就是搭上抗体的“顺风车”，经由抗体调控的病毒会被 Fc 受体识别，在 ADCP 下被细胞主动吞进其中。

2022 年 10 月 5 日，《自然》杂志刊发美国宾夕法尼亚大学团队的研究论文[④]，确认了新冠病毒抵抗宿主免疫反应的一种重要机制，即病毒 ORF8 编码的 SARS-CoV-2 蛋白，可模拟人体组蛋白 H3 中 ARKS 基序来破坏宿主细胞的表观遗传调控。ORF8 通过 ARKSAP 影响组蛋白的翻译后修饰和染色质的结构与功能，使染色质压缩，因而显著调控病毒在细胞中的复制。失去 ARKSAP 对 H3 的模拟功能，病毒复制能力会明显下降。

2022 年 11 月 9 日，美国何大一团队在《自然》杂志发表重磅研究论文[⑤]，研究人员利用传统的病毒学研究方法，在体外传代病毒，分析病毒的耐药特征，筛选出了 53 个病毒谱系及 23 个突变。这些谱系携带了 T21I、P252L、T304I 3 个突变，但它们对病毒逃逸 Nirmatrelvir（辉瑞新冠口服药 Paxlovid 的主要成分）作用较小。而 E166V 突变

① CUI Z, LIU P, WANG N, et al. Structural and functional characterizations of altered infectivity and immune evasion of SARS-CoV-2 Omicron variant[J].Cell,2022, 185(5):860-871.

② HONG Q, HAN W Y, LI J W, et al. Molecular basis of receptor binding and antibody neutralization of Omicron[J].Nature,2022, 604(7906):546-552.

③ JUNQUEIRA C, CRESPO A, RANJBAR S, et al. FcγR-mediated SARS-CoV-2 infection of monocytes activates inflammation[J]. Nature, 606(7914):576-584.

④ SARS-CoV-2 disrupts host epigenetic regulation via histone mimicry[EB/OL]. (2022-10-27) [2022-12-15]. https://www.nature.com/articles/s41586-022-05282-z.

⑤ KEE J, THUDIUM S, CULBERTSON B, et al. Multiple pathways for SARS-CoV-2 resistance to nirmatrelvir[J].Nature,2022, 610(7931):381-388.

可以将 Nirmatrelvir 抑制作用降低 100 倍，但是却使病毒无法组装，需要通过 L50F 和 T21I 突变进行补偿。研究证明了新冠病毒能够通过多个途径对 Nirmatrelvir 产生耐药性，以及对抗病毒药物耐药性进行持续监测的重要意义。

2022 年 12 月 1 日，美国斯坦福大学研究团队等在《细胞》杂志上发表研究论文①，揭示了新冠病毒侵入鼻腔细胞的全过程。研究人员观察新冠病毒在鼻黏膜上皮细胞中进入、复制、退出的全过程，发现多纤毛细胞上的两种结构——纤毛和微绒毛在其中起到关键作用。纤毛是感染初期新冠病毒在鼻上皮细胞的主要进入部位，新冠病毒进入呼吸道之后，立即与上皮细胞纤毛上的 ACE2 受体结合，顺着纤毛穿过正常情况下它们难以逾越的纤毛周围层（PCL），实现对纤毛上皮细胞的感染。在细胞内完成复制之后，新冠病毒会让纤毛上皮细胞上原本短小的微绒毛变粗变长，穿过 PCL 层以感染更多细胞。

（二）流行病学研究

2022 年 2 月 8 日，美国宾夕法尼亚州立大学的研究团队在预印本平台 bioRxiv 上发表研究论文②，称在纽约的白尾鹿种群中发现了具有高度传染性的奥密克戎变异株。研究人员在 2021 年 12 月 12 日—2022 年 1 月 31 日，采集了 131 只白尾鹿鼻咽拭子样本，发现 19 头鹿的血清抗体检测呈阳性，其中 7 头鹿感染了奥密克戎变异株。系统发育分析显示，白尾鹿感染的奥密克戎序列与最近从纽约市和其他地方感染病毒的人类样本中的奥密克戎序列一致。这表明，是人类将奥密克戎传染给了白尾鹿，然后在鹿群间继续传播。

2022 年 2 月 16 日，法国巴斯德研究所的研究人员在《自然》杂志发表了研究论文③，称其研究团队在位于老挝北部的喀斯特地形石灰岩洞穴中的蝙蝠体内发现了与新冠病毒基因组相似的冠状病毒，且该冠状病毒可以感染人类细胞。这一发现支持了新冠病毒可能起源于东南亚或附近地区石灰岩洞穴中的蝙蝠的假设。

2022 年 2 月 25 日，中国 CDC 高福团队在 Research Square 平台发表研究论文④，公布了 2020 年初从华南海鲜市场采集到的 1380 份样本的新冠病毒检测结果：73 份环境

① WU C T, LIDSKY V P, XIAO Y, et al. SARS-CoV-2 replication in airway epithelia requires motile cilia and microvillar reprogramming[J]. Cell,2022, 186(1):112-130.

② VANDEGRIFT J K, YON M, SURENDRAN-NAIR M, et al. Detection of SARS-CoV-2 Omicron variant(B.I.I.529) infection of white-tailed deer[J].bioRxiv the preprint server for biology, 2022.

③ TEMMAM S, VONGPHAYLOTH K, BAQUERO E, et al. Bat coronaviruses related to SARS-CoV-2 and infectious for human cells[J].Nature,2022, 604(7905):330-336.

④ GAO G, LIU W, LIU P P, et al. Surveillance of SARS-CoV-2 in the environment and animal samples of the Huanan Seafood Market[EB/OL]. [2022-12-28]. https://www.researchsquare.com/article/rs-1370392/v1.

样本新冠病毒检测阳性，大多来自市场西区，且与人群密集度呈正相关；来自18个物种的457份动物样本均为阴性。这些结果表明，武汉华南海鲜市场的新冠病毒很可能来自流动的人群，而不是市场上贩卖的动物。研究团队表示，武汉华南海鲜市场并不是新冠病毒的起源地，早期疫情的暴发更可能是新冠病毒携带者和后续被污染的环境所致。

2022年3月16日，英国剑桥大学团队在《柳叶刀》杂志在线刊发研究论文①，证实了当下正流行的奥密克戎变异株的致病性较德尔塔有“实质性下降”。相较于德尔塔，感染奥密克戎的整体住院风险降低59%，就医风险降低44%，感染后28天内死亡风险降低69%。研究人员还发现，在没有接种过疫苗的人群中，既往感染史在预防住院和死亡方面的效力，近似于打了两针腺病毒新冠病毒疫苗或打了一针mRNA疫苗。虽然奥密克戎传播力和免疫逃逸双高，易导致突破性感染，但接种疫苗（尤其是打过加强针）仍能避免70%的住院和死亡。

2022年5月6日，《自然》杂志刊发专题文章②，汇总了近期几项针对新冠病毒新亚型的研究指出，尽管奥密克戎不断突变出新亚型，但各国科学家乐观地认为，未来新冠病毒或将步入可预测的模式——新突变株会定期从流行毒株中分化出来，而不是像新冠大流行的前两年那样“凭空出现”，病毒的进化方式似乎变得更可控。

2022年7月12日，中国上海长征医院团队等联合在《传染病杂志》（*Journal Infection*）杂志上以Letter的形式发表了上海疫情防控期间方舱医院的真实世界大数据分析。③本研究中观察病例来自上海疫情防控期间由上海国家会展中心改建而成的最大方舱医院，共收入165 760例新冠病毒感染阳性病例。研究结果显示，该方舱医院患者平均住院天数为（7.18 ± 3.05）天，50%的患者6天内出院，90%的患者在10天内出院。与疫情之初的武汉病例相比，奥密克戎感染者病床周转率更快。

2022年8月18日，英国帝国理工学院团队牵头在《柳叶刀·呼吸病学》杂志发表

---

① NYBERG T, FERGUSON M N, NASH G S, et al. Comparative analysis of the risks of hospitalisation and death associated with SARS-CoV-2 omicron(B.1.1.529)and delta(B.1.617.2)variants in England: a cohort study[J]. Lancet,2002, 399(10332):1303-1312.

② Ewen Callaway. Are COVID surges becoming more predictable? New Omicron variants offer a hint[J]. Nature,2022, 605(7909): 204-206.

③ YE L Y, LI W F, SHAO J, et al. Fighting Omicron epidemic in China: real-world big data from fangcang shelter hospital during the outbreak in Shanghai 2022[J]. The journal of infection,2022, 85(4):436-480.

研究论文[①]，首次揭示了新冠病毒在社区内自然感染后的传染性持续时间，这是迄今为止最完整的自然感染过程研究。研究小组从 57 名轻度新冠病毒感染患者接触新冠病毒开始，每天进行详细的测试，以观察他们在感染过程中脱落了多少传染性病毒。研究结果表明，在出现症状的人群中，大多数人在症状出现前不具有传染性，但 2/3 的病例在症状出现 5 天后仍具有传染性。

（军事科学院军事医学研究院　周巍）

① HAKKI S, ZHOU J, JONNERBY J, et al. Onset and window of SARS-CoV-2 infectiousness and temporal correlation with symptom onset: a prospective, longitudinal, community cohort study[J]. The lancet respiratory medicine, 2022, 10(11): 1061-1073.

第二篇

热点专题

全球化、城镇化、自然环境改变等多方因素对传染病流行的影响

近年来，全球化、城镇化进程及自然环境改变的速度加快，全球性公共卫生事件发生频率高、波及范围广，对病毒变异和传染病流行产生深刻影响，亟须构建强大的公共卫生体系，切实维护人民健康和国家安全。

一、全球化、城镇化、自然环境改变对传染病影响的特点

（一）疾病传播随着人居环境地域形态和地表生境的改变而增加

生态环境永远处于动态平衡之中，当农业社会和工业社会及城市化快速发展改变人居状态、地域形态和地表生境的同时，自然界固有的、稳定的生态循环被破坏，同一生物群落中物种间竞争关系和物种构成发生改变。作为“寄生虫”的病毒和细菌，在自然选择的压力下，寻找新的宿主，以大型动物物种为寄主的病毒不得以依附于小型动物生存，同时为了适应新宿主的生存环境而发生变异，许多具有自然疾病控制作用的生物学和生态学屏障作用消失，原有对病原体宿主动物物种的竞争或抑制作用被削弱，小型动物病原体数量增加，新的病原体产生。随着野生动物、家畜等与人类住区接触面积的大幅增加，人畜共患病种类也随之增加。《2019 年中国卫生健康统计年鉴》数据表明，导致人类生病的病原体有 1709 种，其中人畜共患的病原体 832 种，在 200 多种动物传染病和 100 多种寄生虫病中，至少有 160 多种可以传染给人；全球病毒组项目指导委员会认为，目前鸟类和哺乳动物约携带 167 万种待发现的未知病毒，其中 40% ～ 50% 的病毒可能感染人类，已知的在人类中

传播的病毒不足待发现的未知病毒的0.1%；美国CDC研究显示，超过3/4的新发传染病均由动物传染给人类。

（二）疾病流行速度、传播规模很大程度取决于人口密度及人员流动频率

全球化、城镇化快速发展一方面促使国家与海外、城市与农村劳动力的一体化发展和全球经济贸易的共通互融；另一方面使人类住区从零星分布的农舍、村镇发展成为高度密集的城市群，高密度居住成为城市中的主要居住形态。暴露于疾病病原体是整个人类生活的共同特征，不断的人居聚集增加了病毒传播的可能，密集的人员流动为病毒快速扩散创造了条件。1978—2018年，我国总人口增长1.5倍，而城镇人口增长4.8倍，人口密度超过1000人/平方千米的城市共有19个，每6人中有1个流动人口。同时，建筑空间和交通空间是人员密集空间，人在建筑空间和交通空间中的时间超过90%，人员密集的建筑空间和交通空间是流行病感染、传播和防控的重要场所。根据对新冠疫情2020年1月4日—2月11日320个地级市（不含湖北所辖市）政府发布的报告分析，家庭传播是主要传播方式（320起新冠病毒传播中有254起为家庭传播，占79.4%），其次是交通运输工具（108起，占34.0%）。

（三）全球气候变化促进新发突发传染病的流行，并会导致旧传染病死灰复燃

气候变暖将引起昆虫媒介的地理分布范围扩大从而增加虫媒传染病传播和流行的风险。疟疾是目前研究最多的与气候变化密切相关的传染病，在非洲、欧洲、亚洲、美洲，甚至在全部病例均为输入型病例的大洋洲都已开展了相关研究。大多数研究结果表明，气温、降雨量与疟疾病例的增加呈正相关，伴随着气候变暖，东非和拉丁美洲的疟疾向高海拔地区蔓延。登革热是最常见的蚊虫传播的病毒性感染疾病，全球的登革热病例数量在过去的50年增加了30倍。1970—1995年，南太平洋每年登革热的流行与拉尼娜现象（即温暖和湿润）呈正相关，在登革热已经灭绝的巴西、阿根廷等国再次出现。大洋洲的一项研究表明，如果没有有效的政策和公共卫生措施，到2100年，登革热的传播地区可能向气温相对较低的地区延伸1600千米，如果立即采取有效措施控制温室气体排放，登革热的延伸可以控制在600千米之内。

二、全球化、城镇化、自然环境改变对传染病影响的趋势

（一）自然环境变化影响病原体跃迁

1. 自然环境变化影响病媒生物时空分布使传染病更易传播

自然环境变化引起传染病威胁增强的一个主要因素是气候变化。气候变化是影响蚊子、蜱虫等携带莱姆病、登革热、黄热病或寨卡病毒的媒介生物发育周期的重要因素，通过改变作为传播媒介的生态环境和地理分布，增加繁殖速度、侵袭力和缩短病原体的潜伏期，从而影响疾病的发病率。近百年来全球气候正经历以变暖为主要特征的演变，1900 年以来中国气温升高了 1.3 ～ 1.7 ℃，增幅高于全球水平。气候变化通过温度、降水、日照时长等因素的变化影响自然系统中疾病传播媒介的栖息和分布。疟疾原来只分布在冬季最低气温 16 ℃以上的区域，但由于气候变暖，疟疾已向拉丁美洲、非洲、亚洲及中东等高纬度地区扩散。气候变化还导致一些传染病媒介向高海拔扩散，登革热以前只在海拔 1000 m 以下的地区发生，而现在哥伦比亚海拔超过 2000 m 的地区也发现了登革热和黄热病的媒介昆虫。

2. 自然环境变化影响疫源野生宿主活动使传染病更易溢出

自然环境变化改变宿主动物栖息地、迁徙路径和种群结构，增加人类与病毒接触的风险。2022 年 4 月 28 日发表在《自然》杂志上的一篇论文指出，在自然界中至少有 10 000 种病毒具有感染人类的能力，不过以前绝大多数病毒都只在野生哺乳动物中静悄悄地传播。目前共有 1709 种病原体困扰着人类健康，而其中一半是人畜共患病病原体，156 种新兴疾病的病原体中有 75%是人畜共患病病原体。人类社会大多数新发传染病都已经被确认是起源于野生动物。自然环境变化使野生动物栖息地退化，而大型野生动物数量的减少致使病毒向小型动物中流动，加大了小型疫源动物与家畜病原交叉传播的机会，是人畜共患疾病日益严重的关键因素。国际野生动物保护学会的研究表明，气候变化使目前 12 种对人类和野生动物最致命的疾病（包括埃博拉、霍乱、瘟疫等）传播范围更广，传播速度更快。此外，自然环境变化迫使许多鸟类改变迁徙路线、落脚在新的地区，甚至被迫在城市中过冬。这些因素加大了人类和动物的直接接触机会，也使人类更容易暴露在携带病原体的鸟类中。

3. 自然环境变化影响人类居住环境使传染病更易暴发

强降雨、台风或地震等极端事件，加重了人类居住环境恶化，造成安全水体污染，增加传染病流行风险。1998—2017 年，全球遭受灾害损失中与极端气候事件有关的占比高达 77%。大灾之后常有大疫，极端气候事件极易引发多种传染病的流行。例如，洪

水淹没安全水源造成的水体污染，为肠道传染病及血吸虫病、疟疾、钩端螺旋体病的传播提供了有利条件。另外，台风与细菌性痢疾、手足口病、其他感染性腹泻和流行性腮腺炎等的发生存在关联，其效应与传播途径、热带气旋强度等因素有关。1871 年至今，全世界发生的 7 次霍乱大流行的周期与厄尔尼诺现象出现的周期基本一致。对 1996—2005 年泰国登革热暴发的研究表明，登革热月发病率的变化中有 15% ～ 22% 归因于厄尔尼诺现象。

（二）全球化加速传染病传播

1. 国际人员旅行使传染病跨国传播驱动加速

频繁的国际旅行、人际交流，或对传染病流行有更重要的影响。国际旅行中患病人员将新的病原体引入本地，导致疾病的全球传播。与此同时，国际旅行可能使受感染的人类宿主与本地或入侵的病媒群体接触，形成本地传播。随着人类跨国旅行越来越频繁，疾病的传播可以在不到一周的时间内传播到另一个大陆。新冠疫情全球传播正是如此，而且近期发生的猴痘病毒，以往只在西非和中非地区流行，英国《每日邮报》汇总称，当地时间 2022 年 5 月 26 日，全球 23 个国家和地区已累计确诊 200 多例猴痘病毒感染。

2. 国际物流贸易为传染病全球扩散提供可能

国际贸易加快了宿主和病原体转移，可影响传染病在全球扩散。现代物流体系中运输速度的提高使更多动植物和病原体得以长途运输，再加上全球范围贸易的加强，增加了远距离传播和疾病突发的可能。国际物流贸易将新的病媒引入环境适宜地区或将新的病原体引入本地，导致病媒传播疾病的全球传播。全球化不仅是商业、金融和文化观念的全球化，也是传染病的全球化。因此，随着当代全球化进一步深入，预防传染病的全球性大流行变成各个国家越来越紧迫的任务。

（三）城镇化对传染病防控治理提出新要求

1. 人居环境恶化增加传染病传播风险

在不同城市化进程中，或在不同经济发展水平的城市中形成一些城中村，这些地区居住环境、医疗条件相对较差，居住人口密度相对大，文化程度参差不齐，更容易引起疾病的流行。当与贫困联系在一起，基础设施和卫生条件跟不上时，就更为疫情的快速传播创造了条件。而且人类的生产和生活活动会对环境造成污染和破坏，水源污染、空气污染助推传染病流行，尤其是大气污染会显著影响病毒的传播扩散风险，空气颗粒物和气溶胶都是病毒传播的重要载体。

2. 人员流动增加传染病传播速度

城镇化快速发展使人类住区从零星分布的农舍、村镇发展成为高度密集的城市群，高密度居住成为城市中的主要居住形态。暴露于疾病病原体是整个人类生活的共同特征，不断的人居聚集增加了病毒传播的可能，密集的人员流动为病毒快速扩散创造了条件。人员密集的城市建筑空间和交通空间是流行病感染、传播和防控的重要场所。研究发现我国各地区城内出行强度对各省的新增新冠病毒感染确诊病例数具有显著的正向影响，城内人口出行强度越高、人员流动性越大，就将增加传染源进一步扩散风险，增加更多的感染人群，疫情也将更严重。而对于人员出行管控力度较强的地区，实施出行管控后，就更大幅度地减少了人员流动，更好地控制了疫情的发展。

3. 治理能力影响传染病传播扩散

新发重大传染病疫情具有突发性、非预期性、原因多样性、危害直接性、发生隐蔽性、紧迫性、全球流动性和社会危害严重性等特点。高效预防和妥善处置新发重大传染病疫情，关系人民的健康福祉，还关系政府的公信力和政权的稳固。正如新冠疫情初期，信息传递和反馈滞后、形势误判、决策不当、措施不力、反应迟缓、协调不畅、公众参与无序、物资储备不足等多方面短板暴露了城市疫情应急管理治理能力的不足，更何况广阔的农村地区等疾病防控能力落后地区也可能很难从容应对突发疫情，也就出现了“群体免疫”“躺平”等现象，加快了传染病的传播扩散。

三、对策建议

（一）加强传染病科研顶层设计，构建高效管理体系

传染病防控科技创新涉及部门多，工作难度大，需要加强统筹谋划和总体部署，通过顶层设计建立规划实施的监管与评估机制。组建由科技部牵头，卫生健康委、农业农村部、海关总署、外交部、军委后勤保障部等多部委参与的传染病科技创新整体协作指导组，加强组织协调与沟通，保证聚焦国家传染病防控战略目标，集中资源、形成合力，突破关系国家传染病防控能力提升的重大关键科技问题；成立以科技部、第三方专业机构和各省市科技主管部门为主的传染病防控专项科研工作组，制定领域科技创新发展规划，以规划作为科技任务部署中的依据，强化规划的运行监管，建立配套的经费保障渠道，改进预算管理，建立跨年度预算平衡机制，形成需求牵引、战略引导的资源配

置机制，保证战略任务与资源配置的衔接运行；建立由卫生、农业、林业、环保、质检、食药、科管、经济及产业等领域专家组成的专家咨询小组，提供技术指导，建立事权和支出责任相适应的制度；通过建立“一横、一纵、一支撑”的国家传染病科技创新组织实施机制，切实加强统一领导和组织协调，保证全国一盘棋。

（二）加强传染病监测体系研究，提高传染病感知能力

针对国家传染病监测预警需求，开展传染病监测技术和产品研究，打通样本自动化采集、危害源识别、智能分析与预警、远程数据传输等技术瓶颈，逐步建成覆盖全球、点线面链接；病原与病例、症状、环境监测相结合；集成融合、实时感知的全国传染病监测预警体系，实现国内防控向海外防范前移、被动防御向主动监测转变、确保各类传染病的准确预警。拓展传染病信息和实物情报资源获取渠道，建立情报共享合作机制，完善数据挖掘分析系统等辅助技术研发，加强大数据获取筛选、甄别分析，预判掌握传染病潜在和现实威胁，实现常态化风险分析研判，增强传染病态势预判、风险识别能力。加强传染病国际合作研究，基于联合国、WHO、APEC、G20 等外交舞台和多边、双边国际场合加大传染病救援和联合研究，利用国际社会共同应对埃博拉疫情、艾滋病疫情等加大对外合作，在国际援非行动中发挥了引领和示范作用，实现、保持和加强国际社会发现、报告和应对传染病暴发的能力，积极推动疫情防控领域大国良性互动，提高全球传染病感知能力，重视见之于未萌，强调主动预防。

（三）加强传染病防控技术研究，提高传染病处置能力

针对传染病防控中的诊断、治疗、防护需求，打造配套完善、有序衔接的预防保护技术体系，力争在传染病发生前予以有效防控，传染病发生时降低危害，有效保障民众生命安全。着眼气候变化、全球化和城镇化过程中可能出现的传染病，开发快速、高通量、无人化检测和诊断技术，发展新型多联多价疫苗、多功能治疗抗体和防治药物研发技术平台，提高人群水平防护能力；着眼传染病应急救治需求，开展医疗救治、隔离转运、医院转换、快速隔离等技术研究，保证传染病发生后聚集性病例的有效诊疗和管控；发展物理、化学、生物综合防控技术，研发环境友好型洗消剂和新型消杀技术，形成齐全配套的系列防护产品，实现传染病发生时的个体、群体和环境有效消杀和防护；开展传染病防控技术和产品储备、管理理论和技术研究，建立分级联合储备、分别管理、统筹调用的传染病防控产品储备管理协调机制，合理确定传染病防控产品储备布局、种类、数量、制定配备与储备标准，做到用之有备、备之能用，研究定点应急生产

和生产线预置技术方法，形成一定规模的物资应急生产能力。

（四）加强传染病平台设施建设，保证基础条件支撑

加快高等级生物安全实验室建设，完善海内外传染病监测网络，拓宽国内外重要传染病病原体获取渠道，建设生物安全相关资源信息库，对烈性病原体、生物安全参比品实现集中统管。推进固定式和移动式高等级生物安全实验室、传染病相关资源信息保藏中心、传染病防控产品中试基地、生物气溶胶感染与存活评价设施、境外传染病监测哨点等重大设施的建设，为传染病防控提供良好的基础设施平台。开展生物信息共享标准研究，统筹生物大数据资源，形成国家级的生物信息资源管理共享平台，加强国家科技计划支持项目所产出的科技信息资源的有效管理和利用。着眼未来传染病防控需求，开展人才保留、引进、培养、保障、评价机制研究，建立鲜明的人才扶持和用人导向政策，为传染病防控提供人才支撑。

（军事科学院军事医学研究院　张音、尹荣岭）

美国兰德公司文章《战争与传染病的过去和未来》解读

2022 年 1 月 27 日，美国兰德公司发布了题为《战争与传染病的过去和未来》（"The Future and Past of War and Disease"）评论文章。文章在回顾了战争与传染病发展历史的基础上，结合美军抗击新冠疫情情况，对如果在传染病疫情环境下发生战争，美国是否做好准备进行了分析。

一、主要背景

传染病的暴发和流行影响着战争的进程，甚至可能会决定战争的成败。中世纪晚期，传染病导致了威尼斯帝国的灭亡，拿破仑从威尼斯的衰落中崛起，但是却因为传染病而日益衰落。在美国内战中，传染病流行致使交战双方超过 60% 的伤亡。第一次世界大战期间，大流感阻碍了美国远征军进一步的军事行动。但是，若此时在战争中仅将传染病疫情作为削弱双方战斗力的环境因素，则其重要性远不及战争策略、战术和武器。另外，在美西战争中，针对疫情准备不足曾导致美军伤亡惨重，成千上万的士兵死于伤寒、痢疾、疟疾和黄热病等疾病。

近 10 年来新发突发传染病层出不穷，全球相继出现了埃博拉、寨卡、SARS、MERS 等重大新发突发传染病。同时，生物战威胁持续存在，在此次的俄乌冲突中，俄罗斯发现美国在乌克兰资助部署了多个生物安全实验室，且俄乌双方都受新冠疫情影响。2020 年以来，美军"罗斯福"号航空母舰、"里根"号航空母舰、"查菲"号驱逐舰、美空军基地、美国民警卫队等多个部队都相继感染了新冠病毒，对部队战斗力产生了一定的影响，凸显了特定军事行动在疫情中的复杂性和脆弱性，慢性新冠疫情会给美国的军事行动带来持久的挑战。在此背景下，兰德公司发表《战争与传染病的过去和未来》评论性文章，阐述传染病可能对战争产生的重大影响。

二、主要内容

文章认为美军在抗击传染病疫情方面存在一定的战略盲点与不利因素。并且预计，在未来的 60 年内很可能再次暴发更加严重的传染病疫情，美军还未充分做好将来在传染病疫情中与别国发生战争的准备。

（一）传染病疫情暴发将加剧战场的复杂性

文章认为，在 20 世纪以前的军事行动中，由传染病等疾病导致的死亡人数比与敌军作战造成的还要多。例如，在 1898 年的美西战争中，每有 1 名战士死于敌军之手，就有超过 7 名战士死于传染病。同时，跨气候作战也会对战争产生不利影响。尤其是当欧洲、北美等温带地区的士兵到热带地区作战时，由于士兵没有天然的抵抗力，加之传染病疫情暴发，往往会造成比本土作战更多的伤亡。另外，在战争环境下一旦发生疫情，会大幅增加部队后勤和运输系统的压力和负担。疫情还会影响军事作战部署和整个军队的作战士气，加剧了战争的复杂化，甚至会导致战争失败。

（二）美国国防部应对传染病存在战略盲点

美国国防部在应对传染病大流行过程中存在战略盲点。美国国防部的结构与文化，一贯鲜少考虑军事作战中的疫情因素，这无益于其为将来的传染病大流行做好准备。从美国国防部结构上看，不同的部门各自为政，如国防部政策部长办公室、国防部研究与工程部长办公室、北方司令部和国防部卫生局等机构都有各自的职责，但是不同部门之间都存在潜在的竞争关系。而且，美国国防部制订计划的官员在制订作战战略和计划时不习惯考虑疫情因素对战争的影响，也不注重培养这方面的能力，无论是培训、训练，还是演习，都很少涉及对传染病的应对，这使美军在战略层面忽略了传染病大流行对战争的影响。

（三）美军更容易受到传染病疫情不利影响

美国比他国更容易受到传染病疫情的影响，可能会引起“敌我伤害的不对等性”。

首先，远程作战更容易感染疾病，这就意味着美军可能比敌人更容易受到疫情的影响，将会降低部队整体战斗力。例如，“罗斯福”号航空母舰上暴发的疫情一旦大流行，给美军带来的伤亡将会远远超过敌军带来的伤亡。其次，应对传染病疫情将会拖延整个军事作战部署时间，可能会给军事行动带来不利影响。任何部队集结的地方，从机场到补给站，再到各前沿行动地点，都可能使疫情快速传播，采取的防疫措施，如保持社交距离、医学检测、隔离等，可能影响部队的作战计划。另外，美军很多后勤保障多数都依赖于私营企业和民用基础设施，这些私营企业和民用设施在疫情暴发期间可能无法使用，会给远程作战带来诸多不利影响。

（四）若在疫情中发生战争时美国并未做好准备

文章认为，虽然美国政府正在积极地复盘应对传染病疫情所采取的措施，美军也积累了应对新冠疫情的经验。但是，对于美军，应对大国之间的冲突甚至战争的难度已经很大，何况再加入传染病疫情肆虐这种新的变量，如果要在更具传染性和致命性的疫情期间采取大规模军事行动，美国可能还没有做好充分准备，美军肯定会应接不暇。试想如果某种更致命的病毒给航母船员和空军基地造成了严重损害，同时在这种情况下开战，美国及其盟友是会冒着战败的风险坚持作战还是延缓行动以减少感染。目前预计，在未来的60年里很可能会再次暴发更加严重的疫情，美国国防部必须为此做出更完备周全的准备。

（五）采取一定的措施可以降低疫情对作战的影响

采取一定的措施，可以最大限度地降低未来传染病疫情给军事行动带来的影响。主要提出两种措施，一种措施是提出8种“低成本”措施，具体包括：将疫情纳入预设作战方案、设立专门管理机构、准备充足的个人防疫装备和药品、增加生物防御保障部队、提高军队实验室的医学检测能力、改善军队与地方合作机构的信息共享、根据地理位置疏散部队、向战区增派部队等。另一种措施是重视并发展无人化平台，但是这种措施成本比较高。然而，美国国防部可能很难为传染病防疫相关议案给予更多投入。1918年美国大流感之后，曾有人认为美国国防部显然不重视那场疫情带来的灾难。面对这次新冠疫情，美国国防部部长虽已宣布应对新冠病毒是国防部的首要任务，但是这个任务将以何种方式完成及将持续多长时间，都尚不确定。

三、思考与认识

近年来，在全球化、大国竞争加剧及生物科技飞速发展背景下，生物安全领域面临更多风险，在战争中暴发传染病疫情对战争的影响不言而喻，传染病严重威胁国家主权和国家安全。在兰德公司发表的文章中，面对未来可能发生的战争甚至生物战值得深入思考。

（一）美军高度重视传染病疫情对战争的影响作用

传染病伴随着人类文明和战争进程，并对人类文明和战争产生深刻的影响，世界战争史上传染病一直对战争有巨大影响。历次战争中，传染病疫情是使军队战斗力损失的重要因素，甚至导致军事上的失败。最早一次有文字记载的大的传染病疫情是在雅典和斯巴达战争中发生的瘟疫，这次重大传染病疫情造成雅典军队有 1/4 的人死亡，古希腊和古罗马文明从此走向衰落。美国内战至少有 75 万名将士丧生，传染病则是导致士兵大量死亡的最大原因，双方甚至试图通过直接或间接的方式利用传染病这种“生物武器”来实现自身的战争目的。第二次世界大战以后，随着医学科学技术的进步，特别是预防医学的发展，对某些传染病有了较好的防治方法，似乎今后传染病在战时不会成为重要问题。在未来战争中，各种新发突发传染病的发病和流行，将对军队战斗力和居民健康造成极大的威胁，而强大的军事力量在传染病面前无计可施，此次报告显示美军高度重视传染病疫情甚至未来可能出现的生物战对战争的影响。

（二）长期进行科技布局为战时传染病防治提供技术支撑

美军长期关注和重点布局应对传染病防控的科技研发，特别是美国国防部高级研究计划局（DARPA）为应对传染病大流行做了系统的前瞻性布局，围绕传染病的预测、预防、诊断和治疗全链条进行项目部署，研究涉及登革热病毒、冠状病毒、诺瓦克病毒、流感病毒、埃博拉病毒和裂谷热病毒等多种病原体，使美国生物安全技术一直保持全球技术领先。在战争环境下会发生何种传染病无法预知，利用传统技术大规模生产安全有效的药物疫苗完全不能满足疫情应对所需，难以满足战时多种传染病并发、持续变异等应急防控需求。

（三）军地合作快速形成战时防疫产品大规模生产能力

美国非常注重生物安全领域的军地合作，鼓励军队机构和私营企业在药物、疫苗、生物技术等领域开展合作，在马里兰州迪特里克堡建立了军地结合的国家跨部门生防园区，实现了生物安全防护产品的快速产业化发展。美国还不断增加生防产品的国家战略储备，已有应对埃博拉病毒、炭疽杆菌、肉毒毒素、天花病毒等病原体的 15 种产品纳入国家战略储备。

（军事科学院军事医学研究院　刘伟）

美国国会研究服务部发布加强功能获得性研究监管报告

2022 年 5 月 26 日，美国国会（简称“国会”）研究服务部网站发布“病原体功能获得性研究的监管问题”的报告。报告回顾了功能获得性研究的背景、美国功能获得性研究监管体系，并向美国国会提出了加强功能获得性研究监管的建议。

一、功能获得性研究受关注的历史

2011 年，由 NIH 资助的 2 项 H5N1 功能获得性（Gain-of-Function）研究成为公众争议的焦点。随后，美国政府将功能获得性研究界定为可提高潜在流行性病原体（ePPP）的研究。H5N1 禽流感功能获得性研究引起的争议，以及随后发生的一系列实验室生物安全事故，促使白宫科技政策办公室于 2014 年 10 月发布命令，暂停资助涉及流感、MERS 冠状病毒和 SARS 冠状病毒相关的功能获得性研究，涉及 18 项联邦资助的项目。新冠疫情及其起源相关争议使人们开始重新关注功能获得性研究。

二、美国病原体功能获得性研究监管政策

美国制定了多项生命科学研究相关的指南和监管政策。这些政策和指南大都是在特定的生物安全和生物安保事件发生后制定的。

（一）《微生物和生物医学实验室生物安全指南》

美国 CDC 和 NIH 联合制定的《微生物和生物医学实验室生物安全指南》（Biosafety in Microbiological and Biomedical Laboratories，

BMBL），是美国实验室生物安全的顶层指导文件。BMBL 为安全处理传染性微生物和有害生物材料提供了指导。该指南 1983 年发布第一版，2020 年 6 月发布第六版。遵守 BMBL 是申请人申请获得联邦资助的必要条款。指南按照处理不同风险等级的病原体，规定了不同等级生物安全实验室开展的活动。一项研究需要在哪一级生物安全实验室开展由开展实验活动的机构根据操作的病原体种类及实验类型决定。

（二）联邦管制生物剂计划

联邦管制生物剂计划（Federal Select Agent Program，FSAP）是联邦政府生物安保监管计划。2002 年美国颁布的《应对恐怖主义准备和响应法案》要求 HHS 制定可能对公共卫生造成威胁的生物剂和毒素监管清单。2002 年颁布的《农业恐怖主义保护法案》要求美国农业部制定可能对动物、植物或动植物产品造成威胁的生物剂监管清单。随后，由美国 CDC 管制剂和毒素处与农业部农业管制剂和毒素处联合制订了联邦管制生物剂计划，内含管制生物剂和毒素清单。美国法典规定 CDC 和农业部每 2 年更新一次管制生物剂和毒素清单。管制生物剂清单是否属于功能获得性研究取决于实验中用到的病毒或生物剂种类。如果使用的病原体不是清单剂，研究将不归联邦管制生物剂计划监管。

（三）《关注的两用性研究机构监管政策》

2015 年 9 月，美国政府颁布《关注的两用性研究机构监管政策》。该政策涵盖了 15 种生物剂或毒素及 7 类实验。政策适用于美国政府及各级政府机构资助的生命科学研究，但是未受美国政府资助的私营公司不适用该政策。2020 年 1 月和 2022 年 2 月，HHS 部长要求 NSABB 解决生物安保和两用性研究问题，提出两用性研究监管的建议。

（四）《关于涉及增强潜在流行性病原体研究的资助指导框架》

2017 年 1 月，白宫科技政策办公室发布《关于涉及增强潜在流行性病原体研究的资助指导框架》。为响应白宫政策，2017 年 12 月，HHS 发布“关于涉及增强潜在流行性病原体研究的资助指导框架”，规定了 HHS 资助的涉及增强型潜在流行性病原体（enhanced potential pandemic pathogen，ePPP）的研究需要额外通过审查。ePPP 被定义为潜在流行性病原体可能通过功能获得性研究增强其传播性或毒力从而造成大流行。ePPP 必须满足两个条件：一是可能会在人群间大规模流行且不受控制；二是致病性强，可能会造成很高的发病率和致死率。潜在流行性病原体监管（potential pandemic pathogen care and oversight，P3CO）审查委员会向 HHS 资助机构报告研究是否可以开展相关研究。资助机构将是否给予资助的最终决定报告给 HHS 和白宫科技政策办公室。2020 年 1 月和 2022 年 2 月，卫生部部长要求 NSABB 审查 P3CO 政策，并提出建议。

（五）《NIH 关于重组或合成核酸分子研究的指南》

《NIH 关于重组或合成核酸分子研究的指南》要求处理重组和合成核酸分子时需要遵守相关安全规范和规程。申请 NIH 或其他联邦机构资助时，遵守《NIH 关于重组或合成核酸分子研究的指南》是一个必要条款。指南将生物剂按照致病性分为 4 个风险等级。功能获得性研究根据是否涉及病毒合成或使用重组 DNA，决定是否受该指南约束。

三、给国会的建议

研究报告向国会提出了 7 条加强功能获得性研究监管的建议。

（一）削减或限制研究资助

禁止功能获得性研究的立法包括 2012 年通过的《暂停病毒功能获得性研究法案》。该法案禁止所有联邦资助的功能获得性研究，包括可能会增强流感、MERS 冠状病毒和 SARS 冠状病毒的致病性和传播性的研究。《2022 能源部未来科技法案》禁止能源部科技办公室资助可造成病原体传播性和毒力增强的功能获得性研究。《2021 外国功能获得性研究预防法案》禁止使用联邦资金资助外国（中国、俄罗斯、伊朗、朝鲜及其他国防部和情报总监办公室联合认定为对手的国家）开展功能获得性研究。另有 3 项法案：《中国机构合理性和公平性承担资助法案》《2022 冠状病毒起源调查法案》《2021 美国创新和竞争法案》将禁止资助中国开展功能获得性研究。这些法案也禁止与中国开展功能获得性合作的美国机构和个人获得联邦资助。2022 年 5 月 4 日，参议院投票通过了关于禁止联邦资金资助中国开展功能获得性研究提案。

（二）禁止或限制功能获得性研究

美国国会禁止或限制功能获得性研究时，需要界定“功能获得性研究”。自 2017 年 P3CO 政策实施以来，有 3 项研究通过审查。目前 P3CO 政策仅限定于联邦资助项目，而联邦管制生物剂计划等其他监管机制对私人资助也适用。政策制定者应考虑对于非美国政府资助的功能获得性研究进行禁止或限制。鼓励研究人员将那些美国禁止或限制的资助转移到没有立法限制的国家或不受联邦监管的机构开展。这些对于美国维持生物安保及保持竞争力具有重要意义。

（三）统一实验室设计和监管标准

截至 2020 年，美国共有 190 个生物安全三级（BSL-3）实验室和 8 个生物安全四级（BSL-4）实验室注册开展联邦管制生物剂计划规定的活动。目前美国没有高等级实验室设计、建设、运行和维持的国家标准。美国国会应考虑对于开展功能获得性研究的实验室制定统一的设计、建设、运行和维持标准。如果标准比 BMBL 的建议更严苛，可能需要额外的资金投入，同时也会限制参与此类研究人员的数量。

（四）增加替代功能获得性研究的研究项目资助

部分有争议的功能获得性研究的目的是弄清病毒如何传染给人类，以及增强病毒毒力或嵌合活力。一些人建议致力于致病性和传播性的研究比那些潜在流行性病原体研究更安全。美国国会应支持通过更安全的方法加强病毒如何进化为潜在流行性病原体及检测和应对措施等相关研究。研究人员提出了潜在流行性病原体功能获得性研究的替代方法，如通过减毒方式灭活变异和操作关键功能域，或者通过对动物修饰构建人类疾病模型。

（五）研究结果公开透明和公共参与

以往 H5N1 相关的功能获得性研究在结果发表之前必须经过 NSABB 审查。2017 年以后，P3CO 政策要求在项目资助之前要经过额外的领域专家审查。需要向公众透明和公开的程度一直是争议的焦点。HHS 规定了 P3CO 政策下允许公开的项目，但是 HHS 未公开被拒绝或撤回的项目数据。美国国会应明确多数项目属于 P3CO 审查范围，并且这些项目的利益和风险评估结果应向公众公开，以便决策者和公众清楚未资助原因，为后续申请项目提供参考。

（六）合作制定生物风险管理框架

为了更好遵守和落实监管规定，许多研究机构基于各自的特点、资源、生物安全和生物安保规定等制定了生物风险管理方法。美国国会应强制制定一个顶层的联邦生物风险管理政策和框架，以便更好地监管联邦机构的生命科学研究。牵头机构应是 HHS

或国家科技理事会（NSTC）。美国国会应考虑生物风险管理政策是否涵盖所有联邦资助及非联邦资助的私人实验室。

（七）增加生物安全和生物安保研究资助

涉及病毒和潜在流行性病原体的功能获得性研究的范围很广，与之相关的生物安全和生物安保风险也很大。有专家建议将生物安全和生物安保研究作为一个独立的研究领域有利于降低整个生命科学领域的风险。目前对于生物安全和生物安保的应用研究资助不足，国会应对研究人员和已有项目增加资助，或成立新项目资助大学或其他机构开展生物安全和生物安保研究。

（军事科学院军事医学研究院　李丽娟）

兰德公司报告分析疾病大流行对恐怖分子获取生物武器的影响

2022 年 5 月 31 日，美国兰德公司发布题为《疾病大流行对恐怖分子获取生物武器的影响："伊斯兰国"和基地组织大流行案例研究》的报告。该研究报告由美国国防部资助兰德公司国际安全和国防政策中心完成。研究通过获取公开文献数据库，结合新冠疫情分析了"伊斯兰国"和基地组织既往对化学和生物武器的使用及未来使用生物武器发动袭击的可能性，最后提出 5 条建议。本文简要介绍报告提出的建议。

一、审查和提高高等级生物安全实验室管理能力

报告指出，应对高等级生物安全实验室管理规范、病原体采集处理和实验室设备等进行审查，将危险发生的可能性降到最低。近年全球高等级生物安全实验室数量快速增长，尤其在新冠疫情发生后，多国对本国的公共卫生和科研设施进行再评估，加强高等级实验室建设。有多个没有高等级实验室的国家将建立新的实验室，这导致发生实验室泄漏或意外的可能性大大增加。同时，实验室扩张也将带来病原体采集需求激增。处理危险病原体的新设施建成使用后，可能会由于处理措施不当、内部管理漏洞、被恐怖分子或罪犯攻击等发生事故。美国 2001 年发生的炭疽邮件事件就是一个例子。另外有研究人员指出，一些实验室可能存在操作一些未授权的高危病原体的风险，此类风险持续存在。一些规定和规范等可降低事故发生的风险，但是不能完全消除。因此随着全球高等级实验室的增加，审查并加强国际实验室管理和病原体管控的标准至关重要。

二、加强动物疾病和人类疾病研究之间的合作

过去 20 年，裂谷热，SARS 冠状病毒感染，中东呼吸系统综合征，H1N1、H5N1、H7N9 流感，以及西尼罗病毒感染等多种暴发的人畜共患病均被认为是由动物传染给人类。此外，人口增长、移民和气候变化使人们与野生动物的接触更多，也无可避免增加了人畜共患病暴发的风险。通过疾病监测尽早识别风险将有助于满足公共卫生安全和生物防御需求。美国“同一个健康计划”的目标是，寻求扩大“人类、动物和环境跨领域的合作和交流”。疾病监测、疾病控制和治疗措施将提高人畜共患病应对能力，并限制将其武器化。

三、将近期恐怖组织可能会发起的威胁置于优先地位

近期“伊斯兰国”和基地组织可能会使用无人机袭击或对监狱和难民营进行袭击，这比全球流行病带来的生物恐怖更值得关注。目前，“伊斯兰国”和基地组织成员感染新冠病毒情况未知，监狱和难民营内部的状况增加了恐怖分子传播病毒的机会。关押“伊斯兰国”和基地组织的监狱和营地的安保也应成为全球应对恐怖主义计划的一部分。此外，使用军用无人机也是一个近期应关注的威胁。“伊斯兰国”组织在伊拉克和叙利亚使用商用无人机携带炸药杀害平民。无人机技术现在很普及，很容易将其改造作为武器投递系统，这远比发动生物战剂袭击更容易。拥有商用无人机技术的国家应该重新评估管控轻型无人机技术及其发展的规定。对商用无人机进行出口控制及使用跟踪是限制其被恶意使用的必要手段。

四、加强化生武器国际条约

降低将生物材料作为攻击手段至关重要。《禁止化学武器公约》和《禁止生物武器公约》的审议会议为加强公约提供了可能性，禁止化学武器组织与联合国联合开始调查叙利亚政府违反《禁止化学武器公约》的情况。禁止化学武器组织旨在提醒国际社会，使用化学武器将被调查，一旦调查属实将面临严重后果。禁止化学武器组织的地位和作用通过各缔约国和地方民间组织提出生物武器指控来加强。

五、改变威胁评估方法

应该建立一个内部互相关联的网络体系降低恐怖袭击风险。新冠疫情更加提醒我们评估相关风险和威胁的重要性。因此应该制定一些政策措施，降低自然发生和人为的全维威胁，这对于采取适当措施应对威胁非常重要。

随着生物技术飞速发展，专家推测某些掌握一定知识的人可能会获得必要材料，并制造生物武器。但本报告的观点是，“伊斯兰国”和基地组织等恐怖分子并未表现出发展生物武器的倾向。将生物材料武器化并能造成大规模伤员需要一定的专业知识，尽管生物技术的发展使平民使用生物技术制造生物武器的门槛越来越低，但是实证证明非国家行为体要制造生物武器非常难。

（军事科学院军事医学研究院　李丽娟）

美国政府公布国家猴痘疫苗战略第一阶段任务

2022 年 6 月 28 日，美国白宫网站发布事实文件，宣布美国国家猴痘疫苗战略第一阶段任务。疫苗战略拟通过在全国范围内向高危人群提供疫苗，遏制猴痘疫情。美国政府的猴痘应对工作由国家安全委员会全球卫生安全和生物防御局（通常称为白宫流行病办公室）协调。

一、提供天花疫苗

基于在卫生安全方面的投资及以往应对猴痘病毒的经验，美国拥有可用于对抗猴痘的有效疫苗和治疗方法。猴痘病毒和天花病毒同属正痘病毒属，因此天花疫苗被认为可提供针对猴痘病毒的交叉保护。WHO 数据显示，天花疫苗对猴痘病毒的有效率达到 85%。迄今为止，HHS 已收到来自 32 个州和司法管辖区的请求，部署了 9000 多剂天花疫苗和 300 个抗天花病毒治疗疗程。按照国家猴痘疫苗战略部署，美国正在扩大疫苗部署，在未来几周内预计配发 29.6 万剂疫苗，其中 5.6 万剂将立即配发。夏季将提供超过 75 万剂疫苗，另外 50 万剂疫苗将在整个秋季配发，2022 年总共配发 160 万剂疫苗。

作为猴痘暴发应对措施的一部分，美国政府通过猴痘国家战略，计划分发两剂次的 Jynneos 天花疫苗。FDA 批准该疫苗用于保护 18 岁及以上被确定为天花或猴痘感染高风险的个人免受天花和猴痘的侵害。政府将根据病例和患猴痘风险的人口比例为各州提供公平分配。美国 CDC 建议向确认接触猴痘和可能接触过猴痘的个体提供疫苗。

为了补充 Jynneos 天花疫苗的供应，各州可能要求提供第二种天花疫苗 ACAM2000。ACAM2000 被 FDA 批准用于预防天花。ACAM2000 也被认为可以提供针对猴痘的保护，并且根据扩大在研新药协议为有猴痘感染风险的人员接种。然而，ACAM2000 比 Jynneos 具有更严重的不良反应，并且不能提供给免疫功能低下或患有心脏病的人。美国 CDC 将与申请 ACAM2000 疫苗的州、地区和地方卫生部门合作，以确保个人在接种疫苗之前充分了解其益处和风险。

二、提高猴痘检测能力

国家猴痘疫苗战略建立在政府努力使检测更广泛和更容易获得的基础上。在这次疫情暴发之初，医务人员使用 FDA 批准的高质量检测试剂来检测猴痘。随后，美国 CDC 将检测能力扩大到 48 个州的 78 个地点，主要是在州公共卫生实验室。美国 CDC 与实验室响应网络（LRN）合作，将公共卫生检测能力提高 50% 以上，将检测能力从每周 6000 次检测提高到每周约 10 000 次检测。上周，美国 CDC 向 5 家商业实验室公司运送检测试剂，其中包括一些全国大型参考实验室，以进一步提高猴痘检测能力。美国 CDC 于 2022 年 6 月 9 日公布了 FDA 批准的检测方案，供实验室检测猴痘。FDA 允许在当前网络实验室之外进行检测。扩大检测旨在进一步缩小症状发作和检测结果之间的差距，最大限度地为患者和病程早期的高危接触者提供治疗和疫苗。

三、加强猴痘宣教

美国政府部门通过与医务人员、公共卫生官员和社区进行沟通，以提高对猴痘的认识，并对公众、地方和社区人员进行有关病毒特点、传播方式及传播途径的教育。政府还将继续与社区领导人和利益相关者直接接触，共同预防和打击污名和偏见，促进检测和疫苗获取公平。HHS 采取的措施包括：2022 年 6 月 1 日之前更新猴痘病例定义，以鼓励医务人员对临床怀疑为猴痘的所有皮疹患者进行检测；5 月 20 日和 6 月 14 日向全国的医务人员、社区卫生中心及公共卫生官员发布紧急信息，涵盖临床检测、治疗、接触者追踪等；向医务人员和卫生部门提供超过 570 次病例咨询；明确如何运输和处置医疗废物，使医疗机构和废物管理公司能够自信、安全地运营；定期与全球、社区、临床和公共卫生利益相关者交流。

四、领导全球应对猴痘疫情

美国政府致力于协助流行和非流行国家抗击疫情，并正在探索进一步的国际应对措施。多年来，美国还支持在流行国家（包括尼日利亚和刚果民主共和国）防治猴痘的努力。白宫科技政策办公室正在制定美国猴痘优先研究方向，以推动改进医疗应对措施，加强实时监测，增进对猴痘病毒的了解，并围绕猴痘研究为美国和全球科学界注入活力。

（军事科学院军事医学研究院　李丽娟）

研究人员关注人工智能药物研发的两用性问题

2022 年 3 月 7 日,《自然 · 机器智能》杂志刊登题为《人工智能驱动的药物研发的两用性》的评论文章。文章讨论了用于药物研发的人工智能（AI）技术被滥用于设计新型生化武器的可能性。

一、人工智能被滥用的可能性

研究人员称，以前只是隐约意识到病原体或有毒化学品研究工作存在安全问题，但是由于人工智能主要在虚拟环境中进行操作，因此研究人员认为人工智能与安全问题无关。研究人员的目标是为治疗性和毒性靶点构建机器学习模型，从而更好地帮助设计出用于药物研发的新分子。几十年来，人们一直使用计算机和人工智能来改善人类健康。研究人员对于人工智能被滥用的可能性及机器学习模型潜在的负面影响认识有限。美国合作制药公司（Collaborations Pharmaceuticals）近期发布了可在不同领域进行毒性预测的计算机器学习模型，由此引起了人们的关注，即如果“反用”机器学习模型，原本用于生成治疗药物的人工智能模型就会生成有毒物质。

二、利用人工智能设计生成新型毒性分子

研究人员设计了一种商用全新分子生成器 MegaSyn，使用机器学习模型来预测生物活性，目的是寻找作用于人类疾病治疗靶点的新型抑制剂。这种生成模型通常会惩罚预测存在毒性的分子，奖励预测有靶点活性的分子。研究人员逆转这种逻辑，使用相同的方法设计全新分子，只不过这次是指导模型奖励毒性高、生物活性强

的分子。研究人员使用公共数据库中的分子进行人工智能训练，主要采用有生物活性的药物样分子（可合成且可被吸收）。研究人员选择使用两个模型对设计的分子进行评分，一个是特定生物体半死致死剂量（LD_{50}）模型；另一个是使用同一公共数据库数据的特定模型，该模型通常用于帮助获取治疗神经疾病的化合物。以现成可用的开源软件为基础，构建与之类似的生成式软件。为了缩小分子的范围，研究选择使生成模型生成类似神经毒剂 VX 的化合物。神经毒剂 VX 是 20 世纪开发的毒性最强的化学战剂之一，几粒盐粒大小的剂量（6 ～ 10 mg）就足以杀死一个人。

在内部服务器上运行不到 6 小时，模型就生成了 40 000 个分子，评分在期望的阈值内。在此过程中，人工智能不仅设计出了 VX，还设计了许多其他已知的化学战剂。研究人员通过目视判定对比公共化学数据库中的结构，识别了这些化学战剂。许多看起来似乎也有毒性的新分子也被设计出来。基于预测的 LD_{50} 值进行预测，这些新分子的毒性比已知的化学战剂更强。这一点出乎意料，因为研究人员用于训练人工智能的数据集不包括这些神经毒剂。虚拟分子甚至占据了分子属性空间的一个区域，与特定生物体致死剂量（LD_{50}）模型中的数千个分子完全分离，主要可以构成杀虫剂、环境毒素和药物。通过逆转使用机器学习模型，研究人员可以将无害的生成模型从有用的医学工具转变为可能致命的分子生成器。

最初为了避开毒性创建的毒性模型有助于更好地筛选虚拟分子，最终通过体外试验确认其毒性。然而，反过来也是可行的：研究人员发现越能预测毒性，就越能引导生成模型，设计能够在由致命分子占主导的化学空间区域中出现的新分子。现成的商用开源软件可随时用于这两个过程，可以很容易地用于新分子的全新设计过程。研究人员也没有真正地合成任何分子，但是，全球有数百家商业公司能够提供化学合成服务。人工智能领域监管不力，几乎没有检查措施来防止合成可能用作化学武器的新型剧毒制剂。如果这个“人”被移除或被替换为一个有恶意的行为者，结果将会怎样？随着当前自动合成技术的发展，人工智能不仅适用于设计制造药物，也适用于制造毒素。因此，该研究证实：非人类完全能够自动制造致命化学武器。

三、为人工智能研究敲响警钟

该实验为在药物研发中使用人工智能的群体敲响警钟。尽管需要具备一些化学或毒理学专业知识才能生成有毒物质或生物制剂，但当这些领域与机器学习模型交叉，人们所需要的只是有能力进行编码并理解模型本身的输出结果，这就大大降低了技术门槛。开源机器学习软件是学习和创建新模型的主要途径，而能够为预测与人类健康相关的一系列靶点提供基线模型的毒性数据集唾手可得。尽管该研究仅侧重于 VX 类化合物，但是只需对方案进行微调，就能同样适用于具有相似或不同机制的其他毒性小分子。逆合成软件工具也在同步改进，能够用于研究已知和未知分子的合成。因此，研究人员完全有可能规避已知的合成所应用的国际监控或管制前体化学品清单的限制，预测化学战剂的新合成路线。

目前，全球有数百家使用人工智能软件进行药物研发和全新设计的医药公司。许多公司资金充足，很可能会利用全球化学网络来制造人工智能设计的分子。此前，科学界尚未就人工智能应用于全新分子设计的相关双重用途问题进行深入探讨。关于人工智能社会影响的讨论主要集中在安全、隐私、歧视和潜在的刑事滥用等方面，而不是国家和国际安全方面。人们不会将药物研发和技术滥用联系起来。生成式人工智能机器学习工具同样适用于更大的分子（肽、大环内酯等）和其他行业，如消费品和农用化学品，也有可能被用于设计和制造具有特定物理化学特性和生物学特性的新分子。

重新调整机器学习的用途将带来难以遏制的恶果。这意味着商业工具、开源软件工具和公共数据库中的众多数据集，都可以在没有监督的情况下使用。如果威胁与机器学习有关，人们又将如何看待这项技术？媒体对人工智能设计药物的热捧是否会突然转变为对人工智能设计毒物的关注和技术投资的减少？敌对国家或其他寻求技术优势的行为者可以将描述模糊的内容转化为一个合乎逻辑的步骤，进而造成实际伤害，人类该如何防止这种情况发生，是否应该监控软件下载或将销售限制在某些特定群体内？

四、关于人工智能药物研发两用性研究监管的建议

文章提出了一些减少人工智能在药物研发中的潜在两用性问题的建议。

一是美国毒理学会和美国化学学会等组织应积极促进专家就计算工具的影响开展讨论。将研究内容公开作为一项持续工作和关键优先事项，有助于提高人们对尖端技术潜在两用性的认识，并开展必要的宣传，使每个人都负责任地开展科学研究。《海牙伦理准则》促进了化学科学中负责任行为的文化。

二是使以人工智能为重点的药物研发公司和制药公司遵循行为准则，以培训员工，防止技术被获取和滥用。将面向公众的应用程序编程接口作为模型，并根据要求提供代

码和数据，在不影响可访问性的情况下增强已发布模型的安全性和可控性。

三是建立向有关部门举报的机制或热线，以便在研究出现失误或发现有人正在开发毒性分子用于非治疗用途时可以及时报告。

四是各大高校应该加强对理科学生的伦理培训，并将范围扩大到其他学科，尤其是计算机专业的学生，使他们在职业生涯的早期阶段就意识到人工智能被滥用的可能性，并了解其更广泛的潜在影响。

（军事科学院军事医学研究院　李丽娟）

WHO《负责任地使用生命科学全球指导框架》解读

2022 年 9 月，WHO 在其官网发布了题为《负责任地使用生命科学全球指导框架：降低生物风险和管理两用性研究》（“The Global Guidance Framework for the Responsible Use of the Life Sciences: Mitigating Biorisks and Governing Dual-use Research”）的报告[①]，该报告提出了一个针对全球生命科学风险治理的框架，为各国提供政策指导和行动指南。该框架涵盖范围突破了传统的两用性研究类型，从更广泛的生命科学研究的视角看待生物风险治理；目标受众包括生命科学研究体系的参与人员，如政策制定者、科学家、出版商等。

一、相关背景

当前生物技术正飞速发展，世界各国纷纷制定战略规划，引导和支持生物科技发展，生物经济时代正加速到来。2021 年 7 月，英国政府发布《生命科学愿景》报告，认为未来十年在生命科学领域，国家间将会展开激烈竞争，能够引领该领域发展的国家将会同时获得巨大的经济效益和健康回报。2022 年 9 月，美国总统拜登签署了关于推动“生物技术和生物制造”的行政命令，寻求协调政府资源和行动，维持美国未来生物经济实力。

和生物技术发展、生物制造崛起与生物经济兴盛的潮流并行而至的是生物安全观念的增强，这种意识的转变体现在法律、行政、舆论、科研等社会各个领域，世界多国都建立起规范生物安全的法律框架。美国和澳大利亚出台了国家生物安全战略，旨在构建

① Global guidance framework for the responsible use of the life sciences: mitigating biorisks and governing dual-use research[EB/OL]. [2022-11-13]. https://www.who.int/publications/i/item/9789240056107.

自上而下综合性的生物安全防御体系。国际组织和知名智库针对生物安全问题频频发声，体现了生物安全治理的紧迫性和艰巨性。

在国际层面针对生物风险治理的措施包括：1925 年签订的《日内瓦议定书》禁止使用化学和生物武器，被世界各国视为国际习惯法；在该协定的基础上，世界各国 1972 年提出了《禁止生物武器公约》，禁止发展、生产、存储和使用生物武器；1993 年提出的《禁止化学武器公约》则禁止发展、生产、获取、储存、保留、转让和使用化学武器；2004 年，联合国安理会一致通过了具有法律约束力的第 1540 号决议，该决议的重点是防止核化生武器向非国家行为体扩散。这些条约具有一定的约束力，但是缺点是难以形成核查机制。在国际层面仍然缺乏生物安全治理的综合性的伦理共识和技术规范。

二、内容介绍

本框架针对生物安全子领域生命科学研究的风险治理，两用性研究是其关注核心。框架实现的目标是防范生命科学技术和信息产生的潜在危害，同时不损害生命科学创新能力，维护生命科学对健康和社会发展的积极影响。促使 WHO 提出该框架的原因：当前生命科学飞速发展，带来了健康、伦理、法律等方面的全新挑战，针对其风险的治理和监督水平却发展缓慢，远滞后于现实需求，当前各国普遍缺乏确定和缓解生物风险的措施。这种全新的挑战不仅体现在管理端工具和机制的不足，更体现在识别和衡量生物风险方面科学和伦理准则的缺失，如受制于客观的科学发展现状和相关人员主观认知水平和生物安全意识，导致无法正确判断相关研究的潜在风险。

WHO 提出的治理框架主要包括价值观和原则、工具和机制及框架实施办法三部分。报告共提出的价值观和原则共 9 项，包括："健康、安全和保障""负责任的科学管理""诚信""公平""公开、透明、诚实和问责""包容和合作""社会正义""代际正义""公众教育、参与和赋权"。这些价值观和原则具有高的道德基准（推崇"和平""健康""安全""公平""正义"等崇高价值观）、低的限制门槛（未设置强制性的道德门槛）、多元价值元素（价值观和原则具有重叠性，旨在提供包容性和综合性的框架）的特点。其作用体现在 3 个方面，一是本身作为一种国际倡议，为科学界行为提供指导；二是为进一步制定工具和机制奠定了基础，为相关的管理策略提供伦理判断；三是作为一种包容社会、文化和宗教信仰分歧的"凝合剂"，凝聚不同背景团体达成共识。

WHO 针对不同的参与方推荐了不同的生物科学风险治理工具和机制，包括针对国家政府（建立法规和指南、提供培训和教育资源、设立监管框架和建立专业生物安全智库）、针对科学家（培训教育、伦理准则、开展生物风险管理研究等）、针对研究机构（机构监督、实验室生物安全和安保措施、提高认识活动等）、针对资助机构（研究设计审查、设立资助要求、积极问责等）、针对出版商（稿件审查、制定编辑和审稿人指南、获取生物风险管理专业知识等）、针对标准制定机构（制定伦理准则、开展培训、制定标准等）、针对教育者（提高认识活动、开展教育培训）、针对国际组织（开展培训教育、制定指南和规范、推动信息和资源共享等）、针对民间网络和公众（加强公众科普、提高信息透明度、推动政策制定等）、针对私营部门（加强行业监督等）。

框架制定了分步实施的方法，该方法分为搜集信息，确定价值、原则和目标，利益相关方分析，确定工具和机制，实施，审查和修订 6 个步骤。基于这些步骤，并融合框架的基本要素，包括利益相关方、价值观和原则、资源和工具等，WHO 为每个利益相关方设置了一个分步实施的清单，以协助各国和其他利益相关方开展生物风险管理的活动。

三、特点分析

（一）技术性指导规范

WHO 在报告中将其提出的治理框架定义为全球首个针对生命科学研究体系中生物风险治理的技术性和规范性框架。相对于国际层面提出的涉及生物风险治理的条约，如《日内瓦议定书》、《禁止生物武器公约》、《禁止化学武器公约》、联合国第 1540 号决议等，WHO 提出的框架并没有法律约束力，并且与以上条约并没有形式上的隶属关系，其本质是提升各国治理水平和能力的技术性指导规范。从内容上讲，以上国际条约是本框架下国际组织可采用的有效工具和机制。例如,《禁止生物武器公约》的框架能够为防止生物技术滥用提供规范性基础，其下属的执行保障处能够为各国履约行为提供帮助，围绕其开展的缔约国会议及建立信任措施等活动，能够促进生物风险治理相关的信息和资源交流，分享和推广经验和教训。

（二）综合性治理框架

WHO 制定的生命科学风险管理框架是一个综合性的框架，体现在 3 个方面：第一方面是涵盖广泛的参与方，框架不仅关注科学家、研究机构、私营公司和个人等研究行为主体，更强调国际组织倡导、国家支持、供资机构和出版商审查、教育者和公众的广泛参与等；第二方面是采用了综合性治理方法，框架建立在生物安全、实验室生物安保和两用性生物研究监督 3 个核心支柱之上，旨在从总体上应对生命科学研究体系相关的风险；第三方面是从价值观和原则、工具和机制、实施步骤和方法 3 个层面建立了综合性的理论框架，为生物风险治理相关的参与个体、机构和组织进一步参与行动提供了指导和参考。

（三）广泛性管理体系

报告建立在 2010 年 WHO 发布的《负责任的生命科学研究促进全球健康安全》的基础上，然而，2010 年指南的重点是传染性生物制剂和毒素，本框架将其范围扩大到包括整个生命科学和融合领域，在传统意义上，两用性研究生物制剂研究和实验，包括病原体和毒素。而随着生命科学的发展，其他一些前沿颠覆性技术同样凸显出用于非法或有害用途的巨大影响，如神经科学、生物信息学、基因编辑和合成生物学等。这些领域发展过于迅速，导致相关的伦理、法制研究和举措滞后，容易出现治理上的真空地带，因此本框架涵盖了所有具有两用性潜力的生命科学研究，包括一些与生命科学交叉的研究（化学、人工智能、物理工程等）。

（四）基础性实施铺垫

在制定该框架的过程中，WHO 认识到各国的资源环境、价值观和原则、监管环境等有很大的差别，不能采取一刀切的方式处理，因此该框架下的价值观和原则、治理工具和机制及实施步骤是铺垫性的，旨在为各国制定适合自身国情的框架提供指导。此外，本框架也突出强调了伦理在生物风险治理中的重要性，以价值观和原则作为一系列工具、机制和方法的铺垫，使用“负责任地”使用生命科学作为框架的核心定位，旨在凝聚共识，激励负责任的做法，从而利于在国际层面吸纳更广泛的参与者，进一步开发更具体和更实用的工具。

四、对策建议

（一）开发和完善生命科学研究治理工具

我国生物安全法治建设正日趋完善，生物安全法的颁布施行，为我国生物安全领域的法律规范的细化打磨、生物安全事件的针对性管控、生物安全风险的综合性治理奠定了基础，但是在生物战、生物恐怖、生物技术谬用与误用及合成生物学等分支领域还没有专门立法，尚无法规制相关行为。在 WHO 制定的本框架中，特别提及了生物安全风险治理的立法、法规和指南作为一种重要的工具和机制，能够适用于规范科学家、研究机构、公众等多个群体的行为，当前世界各国缺乏治理生物风险的国家立法、法规和指南，尤其是两用生物技术领域，缺乏这种“自上而下”的管理使在提高公众意识和采取治理措施方面均受到了一定的阻碍。

（二）加强生物安全伦理研究

2022 年 9 月，美国国防部在发布支持拜登政府“生物技术和生物制造”行政命令的举措时，特别强调了在加强生物技术研究的同时，应注重生物安全伦理研究；WHO 提出的框架强调了伦理判断应作为政策制定的支柱，并推荐人文及社科研究应该参与到生命科学研究的设计中。本框架提出的关于识别两用生物技术风险的“困境”同样适用于生物安全的伦理研究，当前两用性研究的范围已从传统的生物制剂研究扩展到合成生物学、基因编辑、神经生物学等前沿学科，以及与生物学交叉的研究中，如何识别这些生物技术带来的风险变得越来越困难，而衡量这些技术带来的潜在社会和伦理影响同样也变得越来越复杂。当前全球生物技术飞速发展，各国生物安全伦理研究普遍滞后，为确保我国未来生物技术良性发展，构建国家高水平的生物安全治理体系，我国应大力推进生物安全伦理研究，为政策制定和公众认知奠定坚实的理论基础。

（三）加大生物安全教育培训

加大生物安全教育和培训是 WHO 倡导的“负责任地使用生命科学”的重要工具和机制，针对受众不同，其达到的目的也有所不同，如针对公众的教育和信息资源，能够提高公众的认知和对科学政策的配合度，积极参与对生物安全事件的治理；针对科学家和生命科学从业人员的宣传教育能够提高其对研究风险的认识、增强其处置生物安全事件的能力和普及其对相关法律、法规和指南的掌握。针对生命科学从业人员，应将生物风险的管理纳入实验室实践培训课程中，或者加强生物安全学科建设，包括技术、法规与标准和伦理等；应将更广泛的受众纳入生物安全培训和教育体系中，加强针对公众的生物安全科普教育，针对研究机构、资助方、出版商和编辑等，加强其对风险识别能力；国家、教育机构及生物安全监管部门等应加强对教育和培训的资金投入，并保证相关投入的可持续性，如编写教育材料、开展教育活动和建立沟通网络等。

（军事科学院军事医学研究院　马文兵、李丽娟）

美国参议员提交加强疫情防范和新冠溯源法案

2022 年 1 月 25 日，美国参议员帕蒂·默里（Patty Murray）和理查德·伯尔（Richard Burr）共同提出一项名为《预防大流行法案》的两党法案，又被称为《准备和应对现有病毒、新兴威胁及流行病法案》，旨在加强美国疫情防范并敦促调查新冠病毒的起源。该法案还寻求加强医疗产品供应链弹性，并改善公共卫生部门沟通以更好地避免错误信息。

一、加强联邦政府和各州的准备

在联邦政府方面，成立一个工作小组，开展对新冠病毒的全面审查，成员由国会两党委员会领导任命，以专门调查新冠大流行起源，并评估美国政府对新冠疫情的反应能力，并在 180 天内提交中期报告。参议院对美国 CDC 主任进行任命和授权，并规定其具体职能。美国 CDC 每四年制定一次战略计划，阐明其优先事项和目标。美国政府问责办公室（GAO）研究 CDC 的计划和活动如何与战略计划及绩效指标实现进展保持一致。美国卫生与公众服务部（HHS）阐明负责准备和响应的助理部长办公室（ASPR）在公共卫生和医疗准备方面的作用和责任，每 5 年进行一次国家级和州级的全面演习。

在各州和地方政府方面，修订疾病预防控制中心公共卫生应急准备合作协议，明确由公共卫生应急准备部门向受传染病暴发风险影响的机构和其他实体提供技术援助。州和地区的准备和应对新冠病毒的计划由美国政府问责办公室进行报告。

二、提高公共卫生准备和应对能力

该法案提出，在公共卫生应急响应方面，批准资助计划以缩短健康差距，向卫生部门提供技术援助，建立区域运行中心；美国国家科学院研究健康差异的影响，阐明如何利用正在进行的相关工作来解决这些影响。

在改善公共卫生数据方面，提高生物监测能力、明确 HHS 部长的公共卫生态势感知权限、更新战略和实施计划、提高公共卫生态势感知；协商加强和扩大分子检测和病原体基因组测序活动，允许美国 CDC 向具有公共卫生意义的基因组测序专业实体拨款、签订合同或合作协议；修订现行法律中的公共卫生数据系统现代化规定，指示国家卫生信息技术协调员办公室开展关于使用电子数据标准订购和报告实验室测试结果的研究，通过与相关联邦机构和其他公私实体签订新的谅解备忘录或数据使用协议或进行协议更新，改善公共卫生数据的查询、交流和使用，增强公共卫生数据的可用性，以及卫生部门之间的信息共享；授权美国 CDC 主任继续开展与公共卫生突发事件和传染病暴发的分析、建模和预测相关活动，要求在接下来的 5 年内发布关于这些活动的年度报告。

在公共卫生队伍建设方面，改进一线公共卫生人员的招聘和保留机制。重新规定公共卫生劳动力贷款偿还计划，由美国政府问责办公室在新冠疫情期间对美国的公共卫生人力资源进行评估；重新规定社区卫生工作者计划，将资金用于招募、雇佣和培训社区卫生工作者；提高 HHS 对公共卫生事件做出初步快速反应的能力，并向国会提交年度报告；继续执行卫生中心的志愿者健康专业人士计划。

在改善公共卫生应对措施方面，重新规定建立公共卫生防范中心网络；在流感大流行期间跟踪联邦政府采办疫苗的初始分配情况，帮助决策者修改现有政策。

三、加速医疗对策产品研发

医疗对策产品研发是应对新冠疫情的重要手段。HHS 继续开展或支持有关新冠病毒的基础、临床研究，与公私实体获取病原体样品相关的公共政策和程序，并可与公共和私人实体签订合同；NIAID 与负责准备与响应的助理部长办公室及生物医学高级研发局开展合作；美国 CDC 主任就研究需求问题，与负责准备和响应的助理部长办公室、生物医学高级研发局和其他联邦机构负责人进行协商。

四、加强重要医疗产品供应链在建设

该法案支持生物医学高级研发局发展建立和维持国内产能激增能力，加强私营部门合作伙伴、生物医学高级研发局和 FDA 之间的协调和沟通，将生物医学高级研发局的医疗对策创新合作伙伴的授权延长至 2028 财年。在国家战略储备方面，修订基于威胁的国家战略储备年度审查，提高国家战略储备供应链灵活性，确保库存中的物品处于可用状态；对国家战略储备中某些维护成本不符合需求且不适合转让的物资，授权部长将其出售给其他实体，并在两年后向国会报告相关情况；HHS 部长在突发公共卫生事件期间定期向国会报告国家战略储备物资部署和补充计划，并将医疗对策产品直接提供给受突发公共卫生事件影响的地区；维持应对突发公共卫生事件或灾难所需的医疗用品库存，HHS 在 180 天内向所有州发布最佳行动指南，并向国会和美国政府问责办公室报告 HHS 向各州提供的试点计划和技术援助对储备影响的评估。

五、促进发展和应对医疗产品短缺

（一）促进发展

法案在促进发展方面强调以下几点：推进传染病产品创新，主要是扩大合格传染病产品的资格，更新获得合格传染病指定产品的优先审查资格；临床试验现代化，由 FDA 发布指南以改进临床试验并实现现代化；加速对策产品开发和审查，将 FDA 新冠病毒治疗加速计划成功经验编入法典；紧急情况下进行第三方测试评估，FDA 有权与第三方协商，要求其发布指南以促进与第三方进行此类磋商；促进真实数据的使用，由 FDA 发布或修订关于使用真实数据的指南；创建先进平台技术，FDA 发布新的实施指南；增加紧急使用授权决定的透明度，FDA 分享更多的安全性和有效性信息；提高 FDA 的指导和沟通能力，FDA 发布关于该机构最佳实践的报告；美国政府问责办公室发布评估 FDA 的相关报告等。

（二）缓解短缺

在缓解药品等医疗武器短缺方面，发案提出：强制外国药品和器械企业注册，明确所有拟在美国销售的药物或器械的外国企业必须向 FDA 进行注册；延长某些药物的有效期，由 FDA 发布或修订指南，以解决药物申办者面临的诸多问题；FDA 开展一项试点计划，以加强对国外药品设施进行突击检查，加强对在美国销售假冒医疗器械（包括个人防护设备）的执法权力并加大处罚力度；加强医疗器械供应链，并要求部分关键医疗设备的制造商制定、维护和实施风险管理计划；创建先进制造试点计划，加快药物新制造方法的开发和审查，由 FDA 召开公开会议并发布关于实施试点计划的相关内容；对《冠状病毒援助、救济和经济安全法案》（CARES）及食品、药品和化妆品的技术修正。

（军事科学院军事医学研究院　陈婷）

美国战略风险委员会报告《了解新冠疫情背景下的生物武器威胁》

2022 年 2 月 17 日，美国战略风险委员会发布《了解新冠疫情背景下的生物武器威胁》报告，主要内容如下。

一、历史趋势调查

为预测生物武器未来威胁，报告首先盘点了过去的威胁来源和历史趋势，如形成生物武器计划的动机、驱动因素、抑制因素、外部局势影响等。

报告梳理了 1940—2010 年 5 个不同时间范围的时间线。20 世纪 40 年代和 50 年代生物武器威胁出现，60 年代和 70 年代禁止开发和使用生物武器，其中 70 年代的技术进步预示着未来生物武器威胁面临转折。20 世纪 90 年代是大规模杀伤性武器可及性不断增长的 10 年。进入新世纪产生新威胁，21 世纪初是新冠流行之前的 10 年。

通过专家调查，报告旨在寻找模式并确定可能塑造未来的变革驱动因素。这种分析将帮助美国政策制定者了解事物随着时间推移的演变情况，思考哪些历史因素仍在推动今天的变化（如科技进步、地缘政治冲突或竞争、新思想和价值观、机会或外部局势）。调查结果将有助于确定决策者需要了解的信息，以改进决策并为未来创造新的可能性。在调查中，专家将以下 5 种动机列为未来 5 年内对生物武器产生兴趣的最重要因素：用作非对称和隐蔽工具的攻击性用途；暗杀工具；对对手大规模杀伤性武器计划的威慑；对对手常规优势的威慑；针对特定人群或种族群体的工具。

二、生物威胁的未来情景

（一）情景 1：生物武器的崛起将成为许多国家威慑力量的重要组成部分

在这种情景下，新冠病毒对人类和经济造成了严重的破坏力，使许多技术能力较强的国家相信：生物武器在不确定的情况下是对对手最强大的威慑之一。传染性病原体的破坏潜力，即使是毒性相对较低的新型病原体，也增强了生物武器作为战略威慑的价值。

在新冠疫情笼罩的世界，将发生以下结果：疫苗供应分配缓慢、全球从大流行中复苏乏力、对全球卫生和生物防御的投资持续不足、全球生物经济的主要增长未能优先考虑缓解未来大流行的风险、《禁止生物武器公约》和 WHO 公信力瓦解。

结论：根据各国情报机构的估计，多达 15 个新的国家可能存在活跃的生物武器活动，活动范围从小规模实验到范围广泛的大规模项目。生物武器的崛起将成为许多国家威慑力量的重要组成部分，或引发更大的安全风险。

（二）情景 2：生物武器加速国际新时代合作

在这种情况下，在新冠大流行造成历史性的全球破坏之后，世界已转向加强国际合作，以应对国际安全面临的重大威胁。

预测加强国际合作会发生以下结果：强劲从新冠疫情中复苏、加大对公共卫生和大流行预防的投资、新的对策、生物防御活动的扩展和全球安全标准的提高、加强对《禁止生物武器公约》的核查、改善 WHO 的全球卫生合作、提高生物两用性研究的透明度。

结论：在这种情况下，对未来生物威胁的恐惧反而加强了国际合作和外交机制，以更好地利用技术，避免另一场灾难性生物事件。

（三）情景 3：模糊威胁的混合世界

在这种情况下，设想生活在新冠大流行之后生物武器威胁呈上升趋势的世界中。一些国家认为大流行为他们带来的主要教训是，生物武器提供了一种有效的隐蔽工具，可以作为混合战争战略的一部分或作为成本相对低的战略威慑。在这个世界中，许多国家已经启动了强大的生物防御计划，这些计划的主要特点是利用两用性研究和生物安全四级实验室，以此模糊攻防界限。

在此种情况下会带来以下结果：在全球范围内疫苗供应合理分配、全球从大流行中适度复苏、对公共基础设施的适度投资、全球生物经济的大幅增长降低了生物防御和与生物武器相关的两用性研究的门槛、全球生物防御活动激增和生物安全四级实验室规模扩大、虚假宣传活动引发对生物武器的更大兴趣、《禁止生物武器公约》和 WHO 一切照旧。

结论：在这种情况下，缺乏复苏动力，导致加强医疗体系的进展乏力，全球预警系统的发展进程减缓，生物威胁持续上升。

三、将从新冠病毒感染中吸取的教训转化为强化美国生物威胁应对的政策

对生物武器计划过去的动机、驱动因素和抑制因素，以及上述 3 种情景的深入概述，可帮助美国决策者更好地了解生物武器威胁的趋势及减轻威胁的潜在途径。

关于新冠病毒对未来生物武器的影响，美国政策制定者现在面临一系列问题。在新冠疫情背景下，已经对生物武器计划避而远之的国家是否会决定积极追求生物武器计划？已经开发出生物武器、拥有技术能力、涉嫌相关活动的国家，是否可能退出相关条约并宣布其秘密计划是威慑战略的组成部分？或者在缺乏强有力的核查和执行机制的情况下，这些国家会不会在保持相关条约成员身份的同时提升秘密（研究）能力？全球流行病的主要行动者已经对生物武器感兴趣，考量工程病原体与天然病原体的武器化，这将如何破坏经济和社会？全球大流行病经济成本高昂带来的预算压力如何影响生物防御和生物武器计划？

美国应对生物威胁的战略是针对生物技术进步带来的潜在挑战，并未充分利用技术优势以负责任、低风险的方式完成此类工作。世界正在见证合成生物学和基因编辑方面的重要进展、合成和测序成本显著降低、可用材料和技术持续传播。近年来，美国支持防御生物武器威胁的资金一直在减少，行政部门和国会在应对生物威胁的政策和资金上经常存在分歧，而且党派等方面存在分歧。报告希望与专家和利益相关者一起帮助美国在未来能够更好地应对生物威胁。

（山东省科学院情报研究所　魏惠惠、徐盈娟、邹爽、王凯钥）

美国发布《国家生物防御战略和实施计划》

2022 年 10 月 18 日，美国总统拜登签署第 15 号国家安全备忘录 (NSM-15)，发布《国家生物防御战略和实施计划》（简称《战略》）。与特朗普政府 2018 年出台的《国家生物防御战略》相比，新一版《战略》将美国面临的生物威胁由自然发生和蓄意实施两类增加至自然发生、蓄意实施和意外发生 3 类，并阐述了新冠疫情对美国生物安全的影响，以及“同一健康”（One Health Approach）理念在应对生物威胁中的重要作用。

一、战略概况

管理自然发生、蓄意实施及意外发生生物事件风险，是美国至关重要的利益。《战略》是对 2018 年《国家生物防御战略》的更新，是实现美国总统提出的“没有灾难性生物事件”全球愿景的基础组成部分。

（一）愿景与宗旨

《战略》愿景是美国针对可能影响人类、动物、植物和环境，自然发生、意外发生和蓄意实施的生物威胁，积极实施有效的评估、预防、准备、响应和恢复等措施，创造一个没有灾难性生物事件的世界。《战略》阐释了美国政府将如何采取措施，更有效地开展生物事件的评估、预防、准备、响应和恢复行动，并积极协调地方各级政府、国际伙伴、工业界、学术界、非政府部门及私营部门共同开展生物防御工作。

（二）生物威胁和后果

《战略》认为，生物威胁是美国和国际社会面临的最严重威胁。这种威胁分为三类：一是自然发生的生物威胁，新冠病毒感染等新发突发传染病不分国界，可能在全球范围迅速蔓延，直接影响美国民众健康、社会稳定和经济发展；二是蓄意实施的生物威胁，许多国家和非国家行为体储存有可能成为生物武器的生物剂，使用或扩散这些生物武器对美国国家安全造成严重威胁；三是意外发生的生物威胁，全球从事危险病原体研究的高等级生物安全实验室不断增多，实验室泄漏导致的人为疫情风险大幅增加。

（三）生物风险管理

对于威胁国家或全球安全的生物事件，美国将采取相应措施进行评估、预防、准备、响应和恢复。同时，国家生物防御体系必须秉承“同一健康”理念，采取跨学科和跨部门协作的方法，从而有效地应对生物威胁。

二、生物威胁形势特点

《战略》对生物威胁形势做出了 7 个基本判断：①生物威胁具有持久性。随着全球城市化进程加快及气候环境变化，新发突发传染病暴发流行更趋严重，生物技术获取和使用更加容易，两用性问题也更加突出。②生物威胁具有多来源性。涉及自然发生、蓄意实施和意外发生等多种来源。③疫情无国界。新冠病毒感染、非洲猪瘟和埃博拉疫情均表明，全球任何一个地区发生的传染病疫情，都可能蔓延到美国。④生物事件影响关键基础设施和供应链。新冠疫情等重大生物事件，对关键基础设施和供应链产生严重影响。⑤多部门和多边合作对有效生物防御至关重要。呼吁在美国国内和全球范围内，开展医疗、公共卫生、动植物卫生、应急响应等协作，有效应对各类生物威胁。⑥“同一健康”理念可降低生物事件发生可能性及影响。针对人、动植物和环境这一整体，开展快速和有效的评估、预防、准备、响应和恢复，降低生物事件的发生和影响。⑦全球科学技术将继续发展进步。科学技术进步带来了革命性的治疗方法和手段，在造福人类的同时，也可能被恶意使用，需要持续关注。

三、战略目标和目的

《战略》基于生物威胁防范和应对的基本思路，明确提出了生物安全防御的五大类共 23 个具体目标。

一是增强风险意识和检测能力，为生物防御体系提供决策。①确保依据情报、预测和风险评估进行决策；②确保国内和全球生物威胁检测、生物监测和信息系统协调合作以能够及时对生物威胁进行预防、检测、报告、评估、响应和恢复。

二是确保生物防御体系有能力预防生物事件。①促进采取措施预防或降低传染病传播的影响；②在国际上加强全球卫生安全能力，以防止地区性生物事件发展成为流行病；③慑止、侦查、削弱、破坏、否决或以其他方式防止国家和非国家行为体企图寻求、获取或使用生物武器、相关材料或运载工具；④加强生物安全和生物安保的实践和监督，以防止生物事件发生，降低与生命科学研发和生物技术进步相关的生物风险。

三是确保生物防御体系做好准备，以降低生物事件影响。①促进建立有活力、安全和可靠的国内和国际科学技术基地，包括生物技术和生物制造，以支持生物防御；②确保强大的公共卫生、兽医和植物卫生基础设施；③制定、实施和更新预防、响应和恢复的计划和能力，包括确保关键供应链的安全；④制定、实施和更新风险沟通计划和促进将一致、简洁的信息传递给主要受众，加快预期响应行动，并解决公众的不确定性和恐惧；⑤加强准备工作，通过开发、测试、评估、制造、监管批准、分发和管理对策，以挽救生命；⑥加强准备工作，通过社区缓解措施限制疾病传播；⑦加强准备工作，以支持在生物事件发生期间洗消、废物管理、环境控制和其他抑制病原体方法的开展；⑧加强在美国包括美国领土范围内开展行动和合作的准备；⑨加强国际准备，以支持国际应对和恢复能力。

四是快速响应降低生物事件影响。①汇集分享生物威胁、生物事件和应对信息，为各级政府及酌情与非政府、私营部门和国际机构开展适当决策和行动提供参考；②开展基于证据的应对措施，并酌情与非政府、私营部门和国际合作伙伴协调开展联邦应急行动，遏制、控制并迅速减轻生物威胁或生物事件影响；③开展调查并采取措施，利用一切可用工具追究违法者责任；④及时、准确传达风险信息，确保公众知情和科学合理参与。

五是促进生物事件后社会、经济和环境的恢复。①促进恢复关键基础设施的能力和容量，重新恢复美国的重要活动；②确保协调联邦和地方各级政府的恢复行动，酌情确保协调非政府、私营部门和国际合作伙伴的恢复行动，以便开展有效和高效的恢复行动；③提供恢复支持并开展长期缓解措施以提高恢复能力；④减少国际生物事件对全球经济、卫生和安全造成的级联效应。

四、战略意义

通过这项《战略》，美国政府将优化自身的努力，并利用政府内外、国内外的重要合作伙伴，有效评估、预防、准备、响应和恢复可能伤害美国人民和国际社会的生物事件。

（军事科学院军事医学研究院　王磊、张音、李丽娟、刘伟、陈婷、周巍、祖勉、马文兵、刘绍耕、王瑛、尹荣岭、史新迪）

《雅典娜议程——推进阿波罗生物防御计划》报告解读

2022 年 4 月，美国两党生物防御委员会发布《雅典娜议程——推进阿波罗生物防御计划》的报告，向美国国会和政府提出美国如何在 10 年内结束疫情大流行的具体建议。

一、报告背景

美国两党生物防御委员会成立于2014年，由美国两党高层决策者和专家组成。该组织是美国生物防御领域的高端智库，致力于对美国生物防御能力开展综合性评估，并对政府行为提出具体建议。其智库产品对美国政府生物安全政策导向具有重要影响：①2015年该委员会发布题为《国家生物防御蓝图：优化工作所需的领导和重大改革》的报告，报告认为美国政府缺乏对生物防御领域的集中领导，号召美国制订综合性的生物防御计划，2018年9月，特朗普政府发布《国家生物安全战略》，标志着美国生物防御战略的正式形成；②该智库2021年1月发布的《阿波罗生物防御计划：战胜生物威胁》报告中提及的“为原型病原体开发疫苗”“推广测序普及”“开发广谱抗病毒药物”“研发无针给药”“建立综合性国家病原体监测预警中心”，以及“促进公共卫生系统数据集成”等概念均在2021年9月拜登政府发布的《美国大流行防范计划》得到体现。

《雅典娜议程——推进阿波罗生物防御计划》是2021年1月发布的《阿波罗生物防御计划：战胜生物威胁》报告内容的延续和细化。随着生物威胁持续扩大和增加，美国目前的生物防御能力难以应对。一方面，除了当前的新冠疫情，美国还必须警惕其他微生物对人类健康的威胁。例如，农业疾病（非洲猪瘟、小麦稻瘟等）都可能是毁灭性的。因此，不能因过度关注冠状病毒而排除其他病原体，任何一个病毒都有可能导致下一次大流行。另一方面，随着病原体研究复杂性的不断扩大，必须对潜在实验室风险进行适当评估，现在比以前任何时候都更容易获得和修改病原体，从而发生实验室事故引发的流行病。合成生物学、基因工程及生物学与其他领域（如化学、工程、计算、人工智能）的跨学科融合正在迅速发展，美国立法机构只关注到这些技术的生物安全影响，而不完全了解生物威胁的规模和增长速度。在“阿波罗生物防御计划”的 10 年实施期内，“雅典娜议程”可以提供建议和行动项目以确保其平稳推进。

该报告共提出 8 个治理建议和 28 个技术建议以实施“阿波罗生物防御计划”，具体治理建议包括：全面实施《国家生物防御蓝图》；全面实施生物防御计划（或同等项目）；提供经费拨款；编制全面的新冠病毒感染报告；修改监管流程和政策，在突发生物事件前中后期间快速授权或批准创新技术；制定家庭检测试剂和药物的分发战略及实施计划；支持突发生物事件期间应急公共卫生研究；改善风险沟通并建立公众信任。

二、报告主要内容

（一）政府治理

美国政府必须提供强有力的领导、明确的使命和充足的资源来实现“阿波罗生物防御计划”。政府必须激励科学研究并与其他行动协调，确保政府机构、公司、非政府机构和实验室切实了解如何融入和实现该计划；必须确保“阿波罗生物防御计划”开发的技术在最初 10 年期限结束后仍可运行；公共和私人部门必须共同努力探索可持续商业模式，支持突发生物事件的持续防御和应对准备。

（二）开发原型病原体候选疫苗

疫苗研发耗时耗资，但针对一种病原体的疫苗通常可以抵御同一病毒家族中的其他病原体。因此，针对相同或相关病原体疫苗开发的投资程度决定了快速开发新病原体疫苗的能力。报告建议：从影响人类的 26 个病毒家族中，至少每个家族都选择一个病原体开发候选疫苗。

（三）在疫情暴发前开发新药物

在一种新型病原体暴发之初，最好的药物防线是已经获得美国食品药品监督管理局（FDA）批准的药物，或者已经进入临床试验并可以快速部署的药物，如瑞德西韦等。为了确保美国在下一次大流行开始时准备好大量药物，美国需要投资开发广谱病原体治疗方法。报告建议：开发广谱抗病毒药物；制定在新疫情暴发期间快速开发特异性抗病毒药物的策略。

（四）发展灵活可扩展的制药业

随着新型病原体疗法和疫苗的成功开发，美国必须顺势迅速大规模生产。目前，美国使用的许多药物和疫苗都不容易适应灵活可扩展的制造模式。小分子药物合成通常需要多个步骤，并且每个步骤都需要自己的一套反应条件，这些反应条件可能因温度、压力、试剂及不同的分离和纯化步骤而异，因此很难利用现有设施来扩大新药的制造规模。美国政府应广泛投资于平台技术，确保针对下一个大流行病原体的治疗和疫苗候选者可以快速大规模生产。报告建议：审查以前针对医疗对策技术的先进制造能力；扩大医疗对策平台技术的先进制造能力。

（五）开发无针注射药物和疫苗

如今，大多数药物和疫苗都需要静脉内或肌肉给药，在全球大流行期间，可能没有足够的医护人员来帮助治疗患者或为世界人口接种疫苗。因此，美国需要新的药物和疫苗输注方法，以实现自我管理，从而使这些医疗对策尽可能惠及大多数人。有几种不同的技术可以促进药物和疫苗的自我管理：微针贴片；鼻喷药物或疫苗；口服给药。报告建议：制订药物和疫苗无针注射方法的研发计划。

（六）提高测序能力和通量

核酸测序对于识别新型病原体至关重要，但测序技术在普遍性、简单性和可负担性方面仍存在关键技术瓶颈。如果能够突破技术上的瓶颈，测序技术就可以成为临床工作中的常规诊断工具，从而对未知病原体进行检测，最终减少病原体传播。美国必须增加对新型测序方式的投资，为此，美国救援计划将 17 亿美元用于加强和扩大测序工作。报告建议：提高美国测序能力和通量；明确便携式测序需求；开发可负担的便携式测序设备。

（七）开发微创和无创感染检测

感染检测通常在出现症状或疑似症状后进行，但此时检测往往为时已晚；症状出现后检测还可能会使无症状感染和症状前感染患者错失检测时机，使感染个体在毫不知情的情况下传播疾病。微创和无创感染检测技术可以在不影响日常生活的情况下，确定感染人群。报告建议：进一步发展微创和无创感染检测方法，确定确认检测结果所需数据集成分析系统。

（八）开发大规模多路复用检测能力

当怀疑有多种病原体感染时，需要进行多个化验，因此会增加成本和时间。鉴于此，美国应该将大规模多路复用化验作为优先事项，大力对其进行投资研究。报告建议：提高大规模多路复用检测能力。

（九）开发快速个人诊断

快速个人诊断与临床诊断相比具有独特优势，后者需要在实验室进行，数天或数周才能得出结果。在新冠大流行期间，美国在新型个人诊断测试的开发、批准、制造和分销方面遇到了许多挑战。报告建议：投资研发快速个人诊断技术、多病原体诊断技术、多样本类型诊断技术；制订在全国范围内开发、扩展、获取、采购和分发个人诊断用品的计划。

（十）建立数字病原体监测系统

近年来，基于互联网和其他电子可用数据（如医疗公告、搜索查询、社交媒体）的数字病原体监测系统已显示出一些改进，包括为新冠疫情提供早期预警信号。这些系统具有实时预警能力、国际检测和自动化操作的潜力，可以弥补传统的公共卫生监测系统的不足。报告建议：投资建设数字病原体监测系统；提高数据互操作性以加强信息共享。

（十一）开发国家公共卫生数据系统

可靠、准确和全面的数据对制定决策至关重要，如果没有及时的信息反馈，就不可能采取有效的干预措施。美国的首要任务应该是建立和维持国家和综合公共卫生数据能力，在此基础上对其进行集成，如数字病原体监测、新的临床和实验室数据流、访问电子健康记录、匿名人体运动、新的可视化功能、改进的分析等，并持续投资于系统的维护和改进。报告建议：建立国家公共卫生数据系统，保护数据安全和完整性。

（十二）建立国家病原体监测和预测中心

在大流行暴发初期，快速识别和预测威胁的能力非常重要，并且有助于清晰阐明疾病的传染性，但美国目前尚未建立综合的能进行生物威胁实时监测的国家病原体监测和预测中心。报告建议：评估美国政府整体生物监测能力；建立预测和暴发分析中心。

（十三）开发新一代个人防护装备

目前，个人防护装备存在诸多问题，如用户缺乏正确使用经验、装备不能重复使用、使用人群不能覆盖所有人群（如儿童）。此外，个人防护装备的主要目的是防止使用者被感染，个人防护装备的短缺会使一线工作人员处于感染危险中，并降低其应对大流行的能力。开发下一代个人防护装备应重点关注：可重复使用、可自我消毒的设备；可应对各种威胁的模块化设计；更加舒适的个性化设计；材料供应不受限制以确保快速生产；装备具有中和病原体、检测和传感能力等；突破传统口罩、呼吸器、手套、长袍等的防护，可以无负担地保护使用者。报告建议：开发新一代个人防护设备；在联邦政府范围内转让个人防护设备技术。

（十四）抑制病原体室内传播

大多数已知病原体的传播发生在人工环境中（如办公室、医院、学校、公共汽车、飞机），主要通过空气、飞沫、污染物等媒介传播。抑制病原体在室内环境中传播，应研发经济实惠的空气过滤和消毒系统、自消毒表面、易于灭菌的材料、机器人灭菌、自主集成灭菌、污染物洗消技术、实时病原体传感功能。报告建议：支持建筑环境中病原体传播研究；开发降低建筑环境中病原体存活和传播的技术；减少建筑环境中的病原体传播。

（十五）建立综合实验室生物安全和生物安保

最近的生物安全事故涉及天花、炭疽和流感等病原体。有人认为，1977 年 H1N1 流感大暴发是由实验室事故或疫苗接种引发的。此外，生物技术两用性研究也存在实验室生物安全风险。报告建议：审查生物安全和生物安保标准、实践和监督，以确定差距、需求和升级方法；应对实验室生物安全和生物安保挑战。

（十六）研发阻止和预防生物攻击的技术

生物事件调查、分析和溯源能力对于应对故意或意外威胁至关重要。报告建议：制定并实施筛选 DNA 合成提供者和用户的相关战略；要求实体机构从通过资质认证的供应商处购买遗传材料。

三、基本认识

该报告延续了美国两党生物防御委员会的一贯主张，凸显了美国战略安全界长期持有的国家竞争意识和利益意识，美国两党生物防御委员会企图进一步施加影响，引导和推进美国政府系统构建国家生物安全防御体系。

（一）强调生物防御领域的顶层设计

在“阿波罗生物防御计划”中，美国两党生物防御委员会试图寻找一个综合性、自上而下的解决方案以应对日益严重的生物威胁态势。这种主张早在该委员会 2015 年发布的代表性报告《国家生物防御蓝图》中便有突出体现：委员会认为“美国缺乏在生物防御领域的集中领导力，导致其无法充分防御生物威胁”。在推进“阿波罗生物防御计划”实施方案中，这种加强集中领导力的号召既体现在对联邦政府内部精确的职能划分与合作规划，也体现在对生物防御科技的综合考量与支持。正如该报告所言，“‘阿波罗生物防御计划’并不专注于单一领域，而是寻求多个并行的突破性解决方案，这些解决方案需要各方共同协作，以应对这些频率和严重性不断攀升的新威胁。”

（二）注重生物防御体系的科技支撑

该报告号召从国家层面提出生物防御科技发展战略，美国总统应指示国家安全顾问与科学和技术政策办公室主任协调，编制《国家生物防御战略》的附件，体现了主张从科技角度构建生物防御体系的特点。美国两党生物防御委员会通过与 125 名专家的交流，确定了执行“阿波罗生物防御计划”的 15 项优先发展技术。报告主体部分详细阐述了这 15 项技术的关键作用、发展现状及发展建议。这些技术支撑了“阿波罗生物防御计划”在未来 10 年消除大流行威胁目标：大幅改善和加速药物生产；开发无针递送的方法，减少后勤压力和增加接种率；快速识别病原体和传染病暴发；增加生物监测数据的可及性等。

（三）倡导稳定的政策和经费支持

报告认为“阿波罗生物防御计划”解决了当前美国面临的重大而紧迫的问题，该计划的实施能够使美国在未来有能力预防大流行病，并且还计划能够创造巨大经济效益，是能够比肩曼哈顿计划、阿波罗登月计划、国际空间站计划及人类基因组计划的大型国家项目。参照这些历史上的大型项目，报告提出了“阿波罗生物防御计划”实施成功的关键因素：需要明确的使命，为实现目标设立优先事项和阶段目标；需要政府统一领导及持续的充足资金；需要利用公私伙伴关系引领技术创新和付诸应用；需要军方参与来提供后勤和支持；需要开展国际合作以应对广泛生物威胁。美国政府要求在 7～10 年内为这项工作提供653亿美元，但委员会仍然认为合适的金额是每年至少100亿美元，且持续 10 年，最终目标是在 10 年内消除大流行病威胁。

（四）重视军事研究机构参与

报告特别指出，参照以往美国历史上大型项目的成功经验，包括巴拿马运河工程、曼哈顿计划、阿波罗登月计划等，军事参与是“阿波罗生物防御计划”取得成功的关键因素之一。在制订“阿波罗生物防御计划”的过程中，美国两党生物防御委员会围绕“军方如何领导、加入或以其他方式参与这些计划”开展了访谈和研究，并邀请军方代表就通用疫苗研发、前沿生物防御研究的问题进行探讨。报告建议美国国防部参与多项科技建议的执行，包括开发原型病原体候选疫苗、广谱抗病毒药物、平台技术、无针给药技术、生物监测技术、个人防护装备等。

（军事科学院军事医学研究院　马文兵、陈婷）

猴痘病毒宿主扩大可能性与疫苗接种的挑战

2022 年 6 月 8 日,《科学》杂志网站发文探讨了猴痘病毒在非洲部分地区流行，扩散到非洲以外的野生动物宿主，继而导致人类猴痘疫情反复的可能性①。《自然》杂志网站同日发文讨论启动猴痘疫苗接种及可能遇到的挑战②。简要介绍文章内容如下。

一、猴痘病毒宿主扩大可能性

《科学》杂志网站的文章题为《关注猴痘病毒将在非洲之外的动物暴发》。文章报道，2003 年 5 月 24 日，美国一名 3 岁的女孩被其宠物土拨鼠咬伤 11 天后，成为非洲以外第一个被诊断感染猴痘的人。两个月后，她的父母和其他 69 人疑似或确诊感染猴痘。虽然猴痘病毒在非洲部分地区流行，但此次疫情中美国得克萨斯州经销商将从加纳进口的啮齿动物与北美圈养的草原土拨鼠混养可能引起了猴痘病毒的扩散传播。

目前，发生的猴痘疫情超过以往。截至 6 月 7 日，全球发生近 1300 例病例，多数病例为男男性行为者，这与 2003 年的猴痘疫情不同，现阶段病例的激增让研究人员吃惊地发现了一种可能性：在非洲以外的野生动物可能成为猴痘病毒的长期宿主，从而形成稳定自然疫源导致疫情在人群中反复暴发。

（一）目前尚不存在非洲以外的动物疫源

研究人员对威斯康星州和伊利诺伊州的野生动物进行调查后

① Concern grows that human monkeypox outbreak will establish virus in animals outside Africa[J]. Science, 2022, 376(6599):1258-1260.

② KOZLOV M. Monkeypox vaccination begins: can the global outbreaks be contained?[J]. Nature, 2022 (606): 444-445.

未发现猴痘病毒，而本次北美洲、南美洲、欧洲、亚洲、大洋洲都发生了猴痘疫情。文章中提到，病毒经常在人类和其他物种之间进行“乒乓”活动。例如，人们普遍认为新冠疫情是由新冠病毒从蝙蝠或其他宿主传播到人类中而引起的，同时在“反向人畜共患病”（reverse zoonoses）中，患病人类也感染了白尾鹿、水貂、猫和狗。

随着猴痘疫情的扩大，该病毒有前所未有的机会在非非洲物种中停留繁殖，可能会感染人类并为更危险的变异提供更大的机会。一些国家的卫生官员建议患有猴痘的人在痊愈之前避免与宠物接触。欧洲食品安全局（EFSA）表示，截至 5 月 24 日，没有宠物或野生动物被感染，但是人类和兽医公共卫生当局之间需要密切合作，管理好宠物，防止疾病传播给野生动物。生态健康联盟（EcoHealth Alliance）的兽医威廉·卡雷什（William Karesh）在 WHO 组织的猴痘研究咨询会上谈到人类感染猴痘病毒会将其传播给非洲以外的野生动物的可能性时，表示“值得严重关注”。

（二）目前研究尚未明确猴痘病毒的非洲宿主

自 1970 年刚果民主共和国报告第一例病例以来，所有人类病例都可能与从非洲动物身上溢出的病毒有关。然而，到目前为止，只有 6 只非洲野生动物检出猴痘病毒：3 只绳松鼠、1 只冈比亚老鼠、1 只鼩鼱和 1 只白眉猴。猴痘病毒的抗体在非洲松鼠中最为丰富。亚利桑那州立大学的痘病毒研究员格兰特·麦克法登（Grant McFadden）提到“除了啮齿动物，我们对目前的宿主仍然知之甚少”，但猴痘可以感染野外和圈养的许多其他种类的动物。1964 年，在荷兰鹿特丹的一个动物园发生疫情，大型食蚁兽、大猩猩、黑猩猩、长臂猿和狨猴被感染。兔子、仓鼠、豚鼠和鸡等实验室动物也可被感染，但病毒并不能导致其中一些动物患病。

对于多数病毒，病毒表面蛋白和宿主细胞受体之间的锁钥关系决定了可以感染的动物种类，但痘病毒不需要特定的宿主受体，这使许多痘病毒能够感染的哺乳动物范围更广泛。加拿大艾伯塔大学埃德蒙顿分校痘病毒研究员大卫·埃文斯（David Evans）指出，用于制备天花疫苗的牛痘病毒甚至可感染除牛和人外的果蝇。美国国家过敏和传染病研究所（NIAID）的病毒学家伯纳德·莫斯（Bernard Moss）认为，一些痘病毒的表面具有形成“疏水面”的蛋白质，可以与亲水性细胞膜非特异性结合并启动感染过程。

痘病毒能否自我复制并最终在某一物种中持续繁殖进而成为宿主疫源，取决于病毒抵御宿主免疫攻击的能力。病毒抵御宿主免疫的能力很大程度上依赖于散布在基因组中的一个基因家族，其编码的蛋白质中含有被称为锚蛋白重复序列的结构域，目前人们对此类蛋白质知之甚少。大卫·埃文斯提到，含有这些重复序列的痘病毒蛋白就像“分子蝇纸”（molecular flypaper），黏在与协调免疫反应有关的宿主蛋白上。虽然对锚蛋白重复序列的作用不了解，“但最重要的是，这可能是尝试理解为什么一些病毒具有宿主范围的关键”。

天花病毒似乎已失去许多此类免疫逃避基因，病毒只存在于人类身上，没有动物宿主，这就是全球通过疫苗接种可以根除它的原因，然而猴痘显然更加复杂。它是否会在非非洲野生动物中形成疫源尚无定论。

二、猴痘疫苗接种能否遏制其全球传播

《自然》杂志网站的文章题为《猴痘疫苗接种启动——全球疫情能否得到遏制？》文章提到，对于猴痘疫情，WHO 表示不太可能升级为全面暴发的大流行病。然而，通常未发生过猴痘疫情的近 30 个国家 / 地区已有 1000 多例确诊病例，随着全球猴痘病例持续上升，公共卫生人员和研究人员质疑当前的疫情是否能得到控制。

加拿大、英国和美国等国家已然实施“环形免疫”（ring vaccination）策略来阻止病毒的传播。人们认为猴痘与天花相近，通过向密切接触者接种天花疫苗来提供交叉保护可以有效地预防猴痘。

但有研究人员认为这种策略也存在未知与挑战。虽然疫苗被认为可安全有效地用于天花感染者，但针对猴痘的试验却有限，而且该策略依赖于严格的接触者判定，民众也必须同意接种可能引发罕见且严重不良反应的疫苗。研究人员认为，环形免疫可能是有效的措施，但要有效实行需要在病例数可控的情况下尽快使用，因为随着病例数的增加，密切接触者也在增加，后续判定工作会变得更加复杂，因此在发生疫情的国家，防止病毒在人类或动物种群中定殖的机会窗口正在缩小。

文章提到，更让人担忧的是，美国疾病预防控制中心（CDC）6 月 3 日报告的基因组数据显示，至少有两种猴痘病毒株是引起此次疫情暴发的原因，这表明该病毒在国际传播的时间可能比想象的要长。有流行病学家认为新的基因组数据会使疫情溯源的调查变得复杂。

（一）天花疫苗储备

某些国家储备了天花疫苗，主要是因为公共卫生人员一直担心天花病毒可能被武器化或从仍保存样品的实验室意外泄漏。目前，有两种天花疫苗可供使用，每种都含有与

天花密切相关的名为牛痘的活痘病毒。第二代疫苗含有能够在人体细胞中复制的牛痘，可能会引起罕见而严重的不良反应。第三代疫苗则含有不能复制的弱化病毒，不良反应较小。

根据美国 CDC 和 WHO 的数据，天花疫苗被认为对预防猴痘感染的有效率约为 85%，该数据是引用了 1988 年在扎伊尔（现为刚果民主共和国）进行的一项观察性研究的数据来评估的。第二代和第三代天花疫苗在人体中产生的抗体反应与研究中使用的已过时的第一代疫苗所产生的抗体反应相当，因此科学家们认为较新的疫苗对猴痘具有相似的效力。但也有研究人员认为被高度引用的数字是不确切的，虽然动物研究有令人信服的证据表明疫苗可以对抗猴痘，但还未在人类身上测试过。

与应对新冠疫情不同，公共卫生人员目前没有考虑使用大规模疫苗接种措施来应对猴痘疫情。各国储备的二代天花疫苗比三代多，而二代天花疫苗存在不良反应，儿童、孕妇、免疫功能低下或患有被归类为“湿疹”的人无法接种。只有少数国家能够获得第三代疫苗，不良反应小，可以给更多的人接种。

有专家表示，鉴于疫苗不良反应和可用性问题，猴痘对公众健康构成的风险还不足以实施大规模疫苗接种。文中提到，今年以来在非洲以外尚未有猴痘致死报告，而 2022 年在西非和中非的 7 个国家感染猴痘的人中有 4.7% 已经死亡。虽然 WHO 成员国已承诺向尼日利亚提供超过 3100 万剂天花疫苗来应对天花紧急情况，但天花疫苗从未在非洲用于预防猴痘。

（二）有限的数据

丹麦生物技术公司 Bavarian Nordic 正加紧生产第三代天花疫苗 MVA-BN 来满足全球需求。到目前为止，美国一直在向处于中高暴露风险的人群提供二代或三代天花疫苗，美国 CDC 将风险人群定义为与猴痘患者的皮肤或体液“无保护接触”的人，或距离感染者 6 英尺（1.8 米）范围以内的人。据称，如果在接触的 4 天内接种疫苗，则认为可以预防猴痘感染，但支持此指导意见的真实数据有限。美国储存的第二代疫苗是单剂接种，而 MVA-BN 是两剂疫苗，两次接种间隔 28 天。因此，研究人员认为由于缺乏针对人类猴痘的试验，即使在接触后 4 天内给予单剂 MVA-BN，是否足以阻止感染，仍未可知。

（三）未来的挑战

理论上，猴痘相较大多数病毒传播速度慢、潜伏期长，有利于开展“环形免疫”疫苗接种活动，但实际上，即使更多的国家采购天花疫苗并开展接种，猴痘预防仍旧依赖于强有力的检测能力、接触者判定管理能力，以及高风险接触者快速接种能力。

数据显示，截至 5 月 24 日，在当前疫情防控期间可能暴露于猴痘后，英国 107 名社区接触者中只有 15 人，以及 245 名卫生保健工作者中的 169 人选择接种 MVA-BN 疫苗。曾为 WHO 和英国政府工作以应对埃博拉疫情的专家认为，为避免紧张局势和错误信息，卫生官员必须向公众解释清楚疫苗接种的必要性，以及哪类人群可以接种疫苗。另一个担忧是多数病例发生在男男性行为者身上而产生的疾病污名化问题，这会影响接触者追踪工作，进而使得疫苗接种推进困难。为了阻止病毒传播，工作人员还需要把目光放在接种疫苗之外，并把重点放在检疫和隔离，以及宣传教育上。

（军事科学院军事医学研究院　尹荣岭、李丽娟）

明尼苏达大学广谱冠状病毒疫苗研发路线概要

2022年10月，明尼苏达大学传染病研究与政策中心（CIDRAP）发布了冠状病毒广谱疫苗的研究与开发路线（CVR）草案，重点介绍了生产有效抵御冠状病毒的广谱疫苗的研发策略[①]。

一、研发路线背景

在过去20年中，严重急性呼吸综合征冠状病毒（SARS-CoV）和中东呼吸综合征冠状病毒（MERS-CoV）的高病死率，以及新型冠状病毒（SARS-CoV-2）的高传染性都严重危害着人类的健康，尤其是新冠病毒依然在全球范围内肆虐且新变体能够逃脱免疫，为应对具有大流行潜力的高致病性和高传染性的未来冠状病毒的出现，开发具有广谱性的冠状病毒疫苗，明尼苏达大学传染病研究与政策中心在比尔及梅琳达·盖茨基金会、洛克菲勒基金会、威康信托基金会、美国国家过敏和传染病研究所（NIAID）、流行病防范创新联盟（CEPI）、多所学术机构（美国艾奥瓦大学、北卡罗来纳大学、西奈山伊坎医学院及南非威特沃特斯兰德大学）及专业咨询公司组成的高级核心领导小组的支持下，制定了冠状病毒广谱疫苗的研究与开发路线草案。

① MOORE K A, OSTERHOLM M T, LACKRITZ E M, et al. A research and development (R&D) roadmap for broadly protective coronavirus vaccines: setting a path to address coronavirus threats[J]. Vaccine, 2022, 40(42):6001-6003.

二、研发专题领域概要

研发路线根据世卫组织重点疾病的医疗对策（WHO R&D Blueprint Initiative, 2016）和流感疫苗研发路线制定，设立了5个小组，分别分析5个专题领域：①病毒学研究应用；②免疫学和免疫保护；③疫苗学；④冠状病毒疫苗研发的动物和人类感染模型；⑤政策和资助。研发路线专题领域内详细列出了策略目标，主要内容要点如下。

（一）病毒学研究应用

1. 识别、定义和分享受关注的、会引起严重后果的新冠病毒变体

启动必要的风险评估和决策流程，将新冠病毒的生物安全级别（BSL）要求从生物安全三级实验室（BSL-3）重新划分为生物安全二级实验室（BSL-2）。制定长期战略，维持现有基因测序能力，并提高新冠病毒基因组测序数据和元数据（包括命名法）的标准化水平。制订可持续的国际合作计划，以快速识别、描述和分享在人体内发现的新冠病毒抗原数据信息。

2. 加强冠状病毒株系监测，确定必要毒株的多样性，以确保疫苗研发覆盖广泛

为涉及致病性未知的冠状病毒研究（野外和实验室）建立最优做法和标准操作程序。确定更多蝙蝠来源的冠状病毒（特别是β冠状病毒）和研究此类病毒所需的关键试剂。制定协调一致的国际框架，加强在不同地理区域的野生及圈养动物种群的冠状病毒监测。提供评估重点冠状病毒所需的试剂（如用于抗原表征的单克隆抗体），设计优先考虑和选择冠状病毒毒株的方法。建立血清调查方法（包括待研究人群）的全球框架，开发出在高危人群中进行血清监测研究所需的血清学平台，并确保从事冠状病毒疫苗研发的研究人员能够从病毒库中获得不同病毒株系。

3. 增进对动物源性冠状病毒系统发育进化的了解

制定并实施一项合作、协调和可持续的倡议，对来自全球多个区域的相关动物宿主冠状病毒样本进行基因组测序，并确保生成的病毒测序数据可通过标准化元数据公开获取。

4. 加强对冠状病毒宿主细胞受体广谱性的了解

确定不同冠状病毒的宿主细胞受体。对于存在于人类中的宿主细胞受体，评估其在人类和常用动物模型不同组织类型中的分布，以确定组织嗜性。

（二）免疫学和免疫保护

1. 确定临床样本和免疫分析方法，了解与新冠病毒感染相关的黏膜和系统免疫机制

建立一个集中或虚拟的生物库，包含来自全球的多时空多样化受试者临床样本（如黏膜、血清和骨髓），建立生物资源库标本收集和使用的管理构架，制定检测方法，解决与新冠病毒相关的关键免疫机制问题。开发新的免疫检测方法，并确保检测方法适当协调、标准化和可重复，并为更多的冠状病毒开发统一、标准化和可重复的免疫测定方法。

2. 明确与新冠病毒感染相关的黏膜和全身免疫机制，以便开发具有广谱性的冠状病毒疫苗

明确新冠病毒变体（以及其他可能的冠状病毒）如何逃避抗体、T 细胞反应，以及黏膜屏障的体液保护机制、细胞保护机制。明确新冠病毒感染的黏膜免疫保护的黏膜生物标志物。收集和整理包括不同年龄组和不同地区人群免疫反应等有关冠状病毒先天和适应性黏膜免疫的信息，绘制“黏膜免疫图谱”。确定黏膜（上下呼吸道）与系统体液免疫在预防冠状病毒感染和限制病毒传播潜力方面的相对作用。

3. 阐明激发对不同冠状病毒具有交叉反应的广谱性黏膜和系统免疫反应的机制

确定产生保护性体液免疫的不同病毒的保守抗原表位（刺突蛋白的 RBD 区除外），识别出针对新冠病毒刺突蛋白保守 S2 区的广谱性抗体，确定诱导具有广谱性作用的抗体的机制，鉴定出非刺突蛋白的 T 细胞表位。

4. 了解对新冠病毒和其他冠状病毒的免疫保护的持久性机制

确定影响新冠病毒感染或接种疫苗后抗体和记忆 B 细胞、记忆 T 细胞反应持续时间的初始因素（如生发中心的持久性）。确定骨髓和黏膜相关淋巴组织中抗原特异性浆细胞的寿命决定因素。

5. 增进对已有免疫（感染获得性和疫苗介导）对未来循环免疫应答影响的了解

明确预先存在的对冠状病毒的免疫力和随后对疫苗接种的反应之间的相互作用。开展纵向队列研究，以确定地理上不同人群对冠状病毒的基线免疫水平，并评估前期的异型免疫（如非典、中东呼吸综合征、普通感冒冠状病毒和新冠病毒变种）对未来冠状病毒暴露的感染和疾病易感性的影响。根据人口特征和对以前接触冠状病毒疫苗或感染的免疫反应确定印迹机制。确定先前存在的免疫如何影响回忆反应，以及如何诱导启动的免疫系统对不同的冠状病毒产生广谱性免疫反应。

6. 确定新冠病毒和其他潜在冠状病毒疫苗诱导免疫保护机制的制约因素

建立包含当前新冠病毒疫苗的潜在相关标志物的集中数据库，评估多种或替代标

志物并及时更新。确定和比较不同疫苗的标志物，定义和统一临床或疗效终点。确定统计验证的标志物，用于预测新冠病毒疫苗的有效性。确定 T 细胞反应的测定或 T 细胞反应的替代标记是否可以作为标志物。在动物模型中进行研究，以确定除新冠病毒外的至少几种冠状病毒的标志物。确定一个或多个用于黏膜疫苗的标志物并验证。确定是否需要多种生物标志物来提高标志物的性能，以预测疫苗的有效性（如中和抗体、记忆 B 细胞、Fc 效应抗体，以及 CD4 和 CD8 T 细胞功能）。将标志物测定方法标准化并制定协调机制。

（三）疫苗学

1. 通过建立一套得到广泛认可和经过审查的产品特性标准，确定广谱冠状病毒疫苗的目标，并确定此类疫苗的用例

在现有目标产品的基础上，制定一套得到广泛认可并经过国际审查的产品特性标准，为具有广谱作用的冠状病毒疫苗制定初步使用案例。

2. 利用新技术或新方法，创造有效、持久的疫苗，对不同的冠状病毒提供广谱性免疫

与监管机构协调，确定纳入研究的冠状病毒。确定候选疫苗筛选并进一步评估的原则，推动促进研究人员和开发人员合作的策略或机制，结合研究技术扩大冠状病毒疫苗的覆盖范围。举办关于新冠疫情传播阻断疫苗的讲习班，确定疫苗开发的黏膜方法。开发并向研究人员提供冠状病毒（如有）、灭活病毒（如能制造）和抗原的初始储存库。创建一个可用佐剂库，并通过临床前研究确定是否有佐剂可以大幅提高新冠病毒变种和其他冠状病毒的疫苗效力、广度或持久性。通过临床研究，确定鼻吸、注射和口服疫苗是否能增强黏膜免疫，并预防疾病传播。

3. 建立临床试验原则，进行疫苗筛选

制定统一的临床（如感染、严重疾病、死亡）和免疫终点原则，以及用于快速识别和商定标准化的临床和 / 或免疫终点原则，来研究疫苗效力。制定一个满足广谱性冠状病毒疫苗临床评估要求的框架。制定国际概念议定书，其中包括临床试验原则，比较候选疫苗和参照疫苗的效力。

4. 为未来冠状病毒疫苗的监管评估建立基础

召开科学界、监管部门和疫苗开发人员参加的年度会议，分享最新的免疫学、病毒学、疫苗学和监管科学进展和挑战。为新冠病毒疫苗的监管评估制定标准。

5. 促进开发具有满足全球需求特征的候选疫苗

推动低收入和中等收入国家参与临床开发项目。支持开发广谱性冠状病毒疫苗。支持开发适合广泛获取、全球分发、可负担的冠状病毒疫苗技术（如独立冷链技术）。

（四）冠状病毒疫苗研发的动物和人类感染模型

1. 开发出适当的动物模型，用于开展广谱性冠状病毒疫苗的研发

召开关于动物模型的国际研讨会，研究具有广谱作用的冠状病毒疫苗。制定相关措施，确保已验证的稳定试剂、病毒株和病毒储备，以及统一的血清学分析方法可用于更广泛的冠状病毒研究。提供标准化、经过验证和特征良好的动物模型。在不同动物模型（包括小型哺乳动物和非人灵长类动物模型）中开展多种候选疫苗的比较研究。对人类候选疫苗与国家疫苗计划进行平行研究，以获取从动物到人类的免疫桥接信息。概述与人类新冠病毒感染相关的严重急性疾病的范围。确定动物模型在长时间感染急性后遗症中的作用。

2. 确立疫苗创新中心在广谱性冠状病毒疫苗研发中的作用，优化疫苗研究模式

举办研讨会明确可控人感染模型研究在评估广谱性冠状病毒疫苗方面的作用。确定既往感染或接种新冠病毒疫苗对涉及新冠病毒疫苗的模型研究的潜在影响。制定一套在冠状病毒疫苗研究中使用模型的最佳实践，包括反映疾病和治疗前景不断变化的风险降低策略。加强全球监管机构合作，为使用模型研究和候选疫苗的免疫桥接确定参数，并将模型的参数标准化。建设开展广谱性冠状病毒疫苗模型研究的国际能力和合作网络。确定前期感染或接种新冠病毒疫苗对涉及广谱性冠状病毒疫苗模型研究的潜在影响。

（五）政策和资助

1. 确定并传达持续财政支持的价值和开发广谱性冠状病毒疫苗的需求

通过对新冠病毒变种疫苗到广谱性冠状病毒疫苗的全价值评估或一系列成本效益分析，制定和宣传广谱性冠状病毒疫苗详细的经济案例。制定有针对性的传播和宣传策略，以及必要的传播工具。召开由疫苗投资者、购买者（包括政府和大型全球机构）、生产商和政府代表参加的会议。探索确保 10 年国际资金流的策略，包括公共和私营伙伴，旨在支持广谱性冠状病毒疫苗的研发。

2. 重新评估知识产权现状，增强新技术的信息共享

对解决获取学术或公共资助研究的知识产权许可存在的不平等问题达成共识，并

从知识产权许可的最初研究阶段就采用全球公平获取原则。启动知识产权资源中心，用于支持可能不具备有效获取专利技术所需资源或背景知识的科学家进行许可协商和知识产权能力建设。

3. 建立可持续稳定的地方生产能力，生产高质量疫苗供当地使用

就疫苗生产能力分布和特异性疫苗过渡到广谱疫苗的潜在途径达成共识。提供必要的资源，以确保具有疫苗生产能力的全部国家能够执行 WHO 全球基准工具中所确定的一部分检查指标。通过 WHO 的 mRNA 技术转让中心和其他疫苗技术平台的全球倡议，建设标准化生产基地，转让生产技术及拓展疫苗生产规模。

三、启示借鉴

广谱性新冠疫苗研发是迫切性需求。目前已有 50 多种疫苗获得批准，还有数百种疫苗处于早期或晚期临床试验阶段，也有数百种疫苗研究停滞[①]。诚然多种疫苗可以对新冠病毒起到防重症保护效果，但因疫苗更新总比不断突变的病毒晚一步，所以在接种数月后可能出现病毒免疫逃逸，从而降低对人群的保护，因此广谱性新冠疫苗的研发便应运而生。

广谱性新冠疫苗研发是系统性工程。研发过程不仅涉及实验室阶段，包括病毒学、免疫学研究；细胞培养；动物模型测试等环节，也有临床研究 3 个试验阶段，获得预期临床保护效果且安全性良好后，再到规模生产环节，时间跨度长，涉及范围广。理论研究、技术创新、审批监管、生产工艺、经济效益、政策支持等多因素影响着广谱疫苗的上市，需要科学界、监管部门、研发生产企业统筹兼顾、系统谋划、整体推进。

广谱性新冠疫苗研发是战略性储备。宁可备而不用，不可用时无备，无论是严重急性呼吸综合征冠状病毒、新型冠状病毒所属的 *Sarbecovirus* 亚属的小范围广谱疫苗，还是包括上述病毒及中东呼吸综合征冠状病毒的 β 冠状病毒属的局部范围广谱疫苗，抑或是冠状病毒科的大范围广谱疫苗，在应对未来潜在突发冠状病毒疫情时，能够作为战略储备为人类提供基本免疫基础，为公共卫生防控体系高效运行争取一定的时间和空间，保障人民生产生活平稳有序。

（军事科学院军事医学研究院　尹荣岭）

① EWEN C. The next generation of coronavirus vaccines: a graphical guide[J]. Nature, 2023, 614: 22-25.

多国向《禁止生物武器公约》九审会提交工作文件

2022年11月28日—12月16日,《禁止生物武器公约》第九次审议会议在瑞士日内瓦召开。会上，加拿大、美国、俄罗斯等缔约国共向《禁止生物武器公约》(简称《公约》) 第九次审议会议(简称“九审会”) 提交65份提案，主要内容涉及建立信任措施、机制建设、与《公约》有关的科技进展、国际合作与援助等议题。

一、建立信任措施完善工作

俄罗斯、美国、日本等国就完善建立信任措施等议题向九审会提交工作文件。

（一）俄罗斯：增加建立信任措施材料宣布内容

俄罗斯在工作文件中提到，自《公约》第八次审议会议以来，国际生物安全形势日趋严峻，新冠病毒感染、猴痘疫情、非洲猪瘟、生物技术两用性等问题成为人类面临的共同挑战，部分国家生物防御研究，包括在国家领土之外实施的发展计划缺乏透明度，建议将“在国家领土之外开展的生物防御研究和发展情况”作为新内容，纳入建立信任措施宣布要求；修改表格中的G项，加入动物疫苗生产实施的信息；设立科学咨询委员会，评估与《公约》相关的科技进展，就改进建立信任措施的形式提出建议。

（二）美国：严格落实建立信任措施宣布表格要求

美国在其工作文件中提到，过去30年中，建立信任措施方式变化不大。生物技术的快速发展、非国家行为体对生物武器的关注度及其制作生物武器的能力不断提升、新发传染病的全球蔓延等问题极大改变了国际生物安全环境。该文件认为，新冠疫情是“一个多世纪以来最糟糕的疫情”，深刻暴露了人类在生物威胁面前的共同脆弱性，指出缔约国在建立信任措施申报内容表格中的 B 项（突发传染病和毒素引起的情况）和 D 项（积极促进联系）等内容的情况报告方面仍有提升和完善的空间。此外，生物恐怖主义偶有抬头和非国家行为体对生物技术的高度关注也导致了生物武器威胁性质不断发生变化。该文件认为，制定和完善行为准则及规章制度对于防控个人非理性行为可能更有效，建议探索使用建立信任措施表格中的 E 项（立法、规章和其他规定）。在具体行动方面，该文件建议：建立信任措施宣布表中 A 项应囊括军事和民用计划；填报 E 项（立法、规章和其他规定）时，应注重层次和细节；重视零号宣布。

（三）日本等国：以循序渐进的方式完善建立信任措施工作

日本、澳大利亚、德国、马来西亚、韩国联合提交工作文件，建议逐步提升缔约国提交建立信任措施材料的数量和质量。该文件称，建立信任措施是《公约》框架下提高透明度、检验缔约国是否遵约的唯一正式工具，目前提交建立信任措施的国家总数略高于半数，参与度不高，原因有二：一是完整填写表格中的必要信息存在难度；二是部分国家尚未意识到提交建立信任措施材料的重要意义。鉴于此，该文件提出以循序渐进的方式，鼓励在表格填写方面存在困难的国家，有限提交建立信任措施材料；鼓励有能力的国家对存在困难的国家提供针对性帮助。

二、机制建设

古巴、俄罗斯、加拿大、德国及日本等国就《公约》机制建设提交了工作文件。

（一）核查机制建设

古巴与俄罗斯认为，重启《公约》核查议定书谈判，建立有效核查机制意义重大。古巴在其工作文件中指出，1994 年缔约国特别会议设立特别工作组，历经 10 余年磋商和谈判，取得了重大进展，但 2001 年 7 月，谈判成果付诸东流。《公约》是唯一一个核查机制缺位、无法确保有效履约的裁军协议。建议九审会设立特设小组，向所有缔约国开放，审议指称使用生物武器调查的方法途径，并将结果纳入一项具有法律约束力的议定书。特设小组的工作成果将提交给《公约》第十次审议会议审议。

俄罗斯建议恢复《公约》核查议定书谈判，制定病原微生物、毒素及相关设备管制清单，全面审视现代生物科技进步，建立有效核查机制。

日本提交工作文件，建议加强联合国秘书长调查机制在指称使用生物武器调查中的作用。该文件称，继续核查议定书谈判可能会将核查机制建设推入僵局，建议将联合国秘书长调查机制及具有合作潜能的国际组织纳入调查框架。

（二）科技审议机制

俄罗斯建议设立科学咨询委员会。该国在工作文件中提及，在 2011 年《公约》七审会上，缔约国肯定了对与《公约》有关的科技进展进行年度审查的重要意义，但审议会议给予这一议题的关注度不高，讨论时长仅 4.5 个小时。俄罗斯建议设立审议会议附属机构，即科学咨询委员会，专司与《公约》有关的科技进展及其对《公约》履约产生的影响等问题。

加拿大和德国联合提交工作文件，探索建立《公约》科技审议机制。该文件称，现有科技审议框架不完善。根据裁军研究所一项自愿参与的公开调查，在提交回复的 42 个缔约国中，有 39 个缔约国支持《公约》对与《公约》有关的科技进展进行更系统的审查。但不同国家在科技审议机构、审议程序及细节方面存在争议，建议从目标设定、组织参与和机构独立性等多方关切着手，建立科技审议机制。在目标设定方面，短时间内解决所有问题并不现实，依据不同领域的科技发展速度及其对《公约》履约产生的影响，分阶段逐步实施。在组织和参与方面，机制或机构的成员构成是多方关注的重点，有限参与和开放参与各有利弊，综合考虑二者优势可能是较为明智的选择。机制或机构独立性和自主性是机制运行有效性和审查结果可靠性的保障，应给予充分考虑。

（三）加强《公约》履约机制

加拿大与荷兰共同向九审会提交工作文件，建议设立临时专家工作组（temporary experts working group）。共同提案国还包括澳大利亚、比利时、捷克共和国、丹麦、法国、格鲁吉亚、德国、爱尔兰、日本、新西兰、挪威、波兰、葡萄牙、韩国、瑞士、英国和美国 17 个国家。该文件认为，《公约》是人类历史上首个禁止一整类大规模杀伤性武器的国际公约，在确保全球安全方面具有重要作用。近年来生物科技日新月异，生物技术在给人类带来巨大利益的同时，被应用于生物武器的潜在风险陡增。《公约》对此有所关注，已采取积极措施以应对快速发展的生物技术可能带来的生物武器威胁问题，但效果有限。当前，国际生物安全形势处于历史转折期。自 2001 年，《公约》核查议定书谈判因美国拒绝签字停滞不前。为有效应对生物技术带来的生物武器风险，各缔约国必须克服20年来的政治惰性，共同为《公约》及以《公约》为核心的国际生物军控进程谋划新的发展路径，重拾遵约、履约信心，加强国际合作与援助，遏制生物武器的开发、获取、存储和利用。鉴于此，该提案建议，结合闭会期间的工作方案，即会间会，框定临时专家工作组的工作范畴：一是评估加强《公约》履约实践的可能措施；二是向缔约国年度会议报告工作成果。具体及核心任务包括：进一步巩固互信共识，提高透明度；解决遵约问题；提高生物风险管理水平，加强生物恐怖主义防控力度；加强国际合作与援助。该提案还建议九审会授权缔约国年度会议审查临时专家工作组的工作报告。这一提议最终被纳入九审会最后宣言。

哈萨克斯坦提交工作文件，建议设立工作组，创建国际生物安全局（International Agency for Biological Safety）。该文件称，新冠疫情表明，人类生物安全和生物安保系统存在缺陷，建立专门机构将有助于防止传染病大流行，全面加强《公约》在生物安全风险防范领域的作用。拟设立的工作组将评估和探讨创建国际生物安全局的最佳途径，同时就该机构的工作内容提出建议。

俄罗斯提出建立生物医学机动单位（mobile biomedical units）。相关文件提出，目前尚无专门机构或机制来辅助《公约》实施第十条、第七条及第六条，在一定程度上削弱了《公约》的权威性。俄罗斯认为，建立和引入生物医学机动单位可有效弥补上述缺陷。建立生物医学机动单位的核心目的涉及3个方面：一是根据《公约》第十条，有效促进缔约国在预防传染病方面的国际合作；二是根据《公约》第七条，向援助请求国提供援助，防止生物武器扩散；三是根据《公约》第六条对指称使用生物武器的情况展开事实调查。生物医学机动单位的设立，将为公平全面反映缔约国的利益和需求提供机制保障。

巴基斯坦提交工作文件，建议设立特设工作组，并将其纳入九审会最后文件。该文件称，历届审议会议表明,《公约》现有机制无法很好地适应现代生物科技的飞速发展，在有效应对现代和未来生物风险方面仍有待完善之处，如无法有效协调各国立场和优先事项。巴基斯坦建议九审会以监管和促进履约为目标，设立特设工作组，取代专家组会，负责审议和确定加强《公约》的各项措施，并向十审会提交工作报告和相关结论建议。

（四）国际合作促进机制

阿塞拜疆代表不结盟运动（NAM）和其他国家集团提交工作文件，建议设立合作委员会。该文件称，国际合作对于促进国家履约至关重要，设立合作委员会可有效促进缔约国之间合作的互补性和协同性。

芬兰、格鲁吉亚、挪威和菲律宾联合提交工作文件，建议加强机制建设，在《公约》第十条框架下推进国际合作与援助。该文件称，自 2018 年，专家组会十分重视合作与援助事宜，推动了缔约国、区域集团及相关机构之间的交流和互动，在加强合作机制建设方面催生了 4 种意见建议。一是加强现有措施。具体建议包括畅通国家自主报告渠道、优化合作与援助数据库的功能、制定援助需求和援助意向分布图。二是以现有机制为基础，细化实施步骤，提升制度化水平。具体建议包括成立合作委员会、在履约支持机构内增设专司合作事务的职位、制定资源调集指导原则、开设自愿捐助信托基金、制订行动计划等。三是发出积极倡议。具体建议包括建立生物安全和生物安保监管框架及培训指导数据库、协助缔约国量身定制生物风险管理系统、为高危病原微生物实验室提供操作培训等。四是加强生物安全协同网络的沟通与合作。具体建议包括加强全球卫生安全架构建设和可持续卫生安全融资能力、建立病原体快速检测和疫情监测系统、加强探索资源调动新方法、加强援助国和受援助国之间的伙伴关系、加强南南合作等。该文件认为，上述建议并非相互排斥，而是相互促进的关系，建议集体反思，综合考虑，形成最优方案。

伊朗提交工作文件，就加强《公约》第十条框架下的国际合作提出建议。该文件称，无歧视、充分履行《公约》第十条，以和平利用为目的开展国际合作与交流，对于提升经济和技术欠发达缔约国的卫生安全能力至关重要，亦有助于实现《公约》目标和宗旨。但新冠疫情的暴发和全球蔓延，暴露了缔约国在《公约》第十条履约方面的短板，而合作机制渠道不畅则是导致缔约国履约不尽人意的主要原因。《公约》七审会曾授权建立援助供需匹配数据库，并由履约支持机构负责管理运行，但该数据库存在缺陷，如登记在册的援助内容大部分与培训教育相关，财政和技术援助规定不明确，设备、材料及科技信息向发展中国家的转移路径不畅等，优化该数据库的管理运行迫在眉睫。

阿塞拜疆代表不结盟运动和其他国家集团提交工作文件，提出制定促进《公约》第十条履约的“行动计划”。该文件指出，确保全面、有效和非歧视性执行《公约》第十条一直是不结盟运动和其他国家集团的优先事项，发达国家亦负有特殊责任，在《公约》框架内促进国际合作。但目前仍存在出于政治动机阻碍或限制国际合作的情况，建议缔约国共同努力，通过“行动计划”，促进履约，同时处理和解决因第十条履约产生的争端。

三、国际援助

南非提交工作文件，就缔约国实行《公约》第七条（援助请求）提出一系列自愿性指导规则。《公约》第七条规定，如因违反《公约》导致某缔约国面临危险，那么应向该缔约国提供援助，要求各缔约国在面对蓄意生物事件时加强合作，推动人道主义援助，防止运用生物武器，并对使用生物武器的行为做出响应。20 世纪 90 年代之前，该条款一直处于“未被援引”的状态，但随着生物科技的飞速发展，生物技术两用性突显，加之苏联和伊拉克生物武器计划被披露，各方对《公约》第七条的关注度上升，但履约实践面临两个方面挑战：一是权威机构缺位。履约支持机构是《公约》目前唯一的常设事务处理部门，但无权启动援助请求和响应程序，也无在相关程序启动之后开展援助或协调工作的必要资源。二是行动机制不完善。目前，第七条运作流程尚不明晰。国际社会如何判定生物事件发生缘由、如何决定响应方案、如何支持请求援助的缔约国等问题仍然悬而未决。该文件提出的指导性原则主要涉及响应层面。

印度和法国提交工作文件，建议建立《公约》第七条援助数据库。印法两国最早于 2018 年向缔约国会议提交相关提案，建议履约支持机构建立及维护一个援助数据库，有效匹配援助供需。2020 年，印法两国进一步推动数据库建设筹备工作。2021 年，两国与相关专家就数据库建设的目标和功能、援助类型、援助资源类型、数据库用户和准入条件等具体问题展开了深入探讨。

四、国家履约情况

古巴、俄罗斯、美国及防止大规模杀伤性武器和材料扩散的全球伙伴关系等国家或组织提交了与履约情况有关的工作文件。

俄罗斯就本国对《公约》第十条履约实践提交工作文件，系统总结了本国 2017—2022 年开展的相关活动及其成效。该文件称，俄罗斯积极与其他国家或国际组织开展合作，对国际生物安全防控做出了积极贡献。全球超过 60 个国家使用俄罗斯提供的病毒检测试剂盒、疫苗及机动实验室，多国借鉴俄罗斯疫情防控组织和管理方法；数名伙伴国专家参与俄罗斯流感、艾滋病等传染病防控科研工作；自 2017 年，基于双边关系，俄罗斯在生物安全领域给予伙伴国家的援助资金超过 8240 万美元；通过相关国际组织为伙伴国提供援助资金超过 4000 万美元，对受援国的生物安全能力建设产生了积极影响。

加拿大提交有关防止大规模杀伤性武器和材料扩散的全球伙伴关系成员国履约情况的工作文件，比利时、丹麦、芬兰、德国及美国等成员国共同赞助。该文件称，自 2017 年，该组织在全球生物安全合作领域共实施 311 个项目，投资总额超过 16 亿美元。

美国提交了本国有关《公约》第十条履约情况的工作文件。该文件称，《公约》七审会明确了该条款的重要性，并要求成员国报告该条款履约情况，自此，美国积极与国际组织在生命科学和生物技术的和平利用、两用生物技术和材料的监管监督框架建设、有效履约及全球卫生安全能力提升等领域展开广泛合作。2020 年，美国在全球卫生安全和人道主义援助等领域的投资超过 24 亿美元；在公共卫生培训、基础卫生设施、疾病监测及快速反应能力建设等方面与 120 多个国家开展合作；美国亦通过 WHO、世界粮食计划署等国际组织参与全球危机应对和人道主义行动。此外，美国亦是生命科学领域最大的基础和应用研究资助国之一，其通过联邦政府、州政府、个人、基金会、学术团体及非政府机构等实体，向美国本土及全球各地的相关研究提供资金支持。

（军事科学院军事医学研究院　蒋丽勇）

美国启动国家生物技术和生物制造计划

2022 年 9 月 12 日，美国总统拜登签署行政令，正式启动国家生物技术和生物制造计划（National Biotechnology and Biomanufacturing Initiative）（简称“计划”），以确保美国发明的东西都能在美国制造。该计划将为美国本土创造更多工作岗位，完善供应链，降低美国家庭的消费价格。同日，白宫举办了一场“国家生物技术和生物制造计划峰会”。期间宣布一系列投资计划和资源安排，以确保美国能充分发挥生物技术和生物制造的潜力，推动总统行政命令的落实。

一、出台背景

在生物技术推动下，全球产业正处于产业革命的顶峰。其他国家都在向着提供全球生物技术解决方案和产品的方向努力。一直以来，美国太过于倚重国外的材料和生物产品，而将包括生物技术产业在内的关键产业移至国外，这威胁到了美国获取重要化学材料和活性药物成分等物质的能力。虽然如此，得益于庞大的产业规模、创新人才和强大的研发机构，生物经济仍然是美国的优势之一。只要充分发挥美国在生物技术和生物制造方面的全部潜能，就能实现生物学的完全发展，让美国能自己制造从药物到燃油再到塑料制品的大部分日常用品，持续激发美国的创新活力，实现经济社会全面发展。有了生物技术，就能加工微生物，从而制造特殊的化学材料和复合材料。这一过程叫作“生物制造”。有了这些先进技术，就能让产业利用生物制造来生产塑料、燃料、材料、药物等物品，替代以石化为基础的生产方式。产业分析表明，在 2030 年前，生物工程所引领的全球制造业产出在所有物质产出中占比将超过 1/3，资金规模约为 30 万亿美元。

二、计划目的

一是在卫生、农业和能源等多个行业内加快生物技术创新，推动美国生物经济的发展。二是推动生物制造发展，强化美国本土供应链，降低对海外物资供应的依赖程度，通过在全美提供高薪岗位来巩固美国的生物制造发展。三是加强食品和能源安全，提高农业创新力，同时缓解气候变化带来的影响。四是推动医药学发展，提高人类平均寿命数值，促进健康生活。

三、具体做法

（一）提高美国国内生物制造能力

当前，由于美国国内缺少相应的基础设施，很多美国的生物制造企业将制造放到了海外。该计划将为区域创新进行投资，推动生物教育的发展，以此建设、振兴和维护美国的生物制造基础设施。与此同时，完善和巩固美国在燃油、化学品和材料等方面的供应链。

（二）扩大生物产品的市场机会

“生物优先计划”为政府机构的可持续性采购提供了标准。这两个计划的目标都是替代石化产品，并支持在美国提供高薪岗位。该计划将通过为签约官员提供培训和支持等方式，增加联邦机构的强制性生物产品采购，确保美国行政管理和预算局、美国农业部定期公布进展评估。为产业提供方向，明确生物产品市场的预期缺口，开发出新产品，形成新市场。另外，该计划将推动并完善“生物优先计划”的实施，增加可再生农业物料的使用率，巩固美国企业在全球生物创新领域的领导地位。

（三）促进研发，突破瓶颈问题

政府全力支持生物技术发展，可为生物安全问题提供快速解决方案。美国在新冠疫情期间研发出首支 mRNA 疫苗就是很好的证明。在该计划的引领下，联邦机构会确定研发优先项，从而将生物科学和生物技术的研发成果转化为医学突破、气候变化解决方案、食品与农业创新成果和更完善的美国供应链。

（四）获取更多高质量的联邦数据

若将生物技术与大数据计算能力和人工智能结合，则可以在卫生、能源、农业、环境方面取得重要突破。生物经济计划的数据将确保生物技术开发人员能够更方便地获取高质、安全、广泛的生物数据集，以便为社会和全球问题提供解决方案。

（五）培训技术多面手

美国正面临各级人才短缺问题，从社区大学到研究所都面临此类问题。该计划将为所有美国人提供更多生物技术和生物制造方面的培训教育机会，强调种族和性别平等，支持社区人才培养。

（六）强化生物技术产品监管

生物技术的发展正在快速改变农业、工业、技术和医药制品的产业形态，这给开发人员和创新人员带来了新的挑战。该计划将提高生物产品监管程序的透明度和效率，让有价值的发明和产品能安全、快速地进入市场。

（七）降低生物安全风险

该计划将优先投资生物安全研究，鼓励生物安全治理创新，以降低生物技术研发周期中的潜在风险。

（八）保护美国的生物技术生态系统

该计划将完善人类生物数据的隐私标准和规范、生物数据的网络安全规范、生物相关软件的标准开发，制定应对措施，降低渗入生物制造供应链的敌对势力所造成的安全风险，保护美国的生物技术生态系统。

（九）加强和推动国际合作

与合作伙伴和盟友一起建立一个繁荣而安全的全球生物经济体系。该计划助力全球在利用生物技术和生物制造方面的合作，以便解决从气候变化到卫生安全等一系列亟待解决的全球问题。全球通力合作，以确保生物产品的发展和利用符合共同的民主道德观和价值观，确保生物技术的突破能造福所有人。

四、经费投入

白宫宣布了一项价值 20 亿美元的投资和资源分配计划，以推动国家生物技术和生物制造计划的具体实施。在此框架下，国家核安全管理局（National Nuclear Security Administration，NNSA）拟投资 2000 万美元，启动一项生物保障计划，旨在加强美国在评估、检测、缓解生物技术和生物制造风险方面的能力，且将生物安全纳入生物技术发展范畴。

该生物保障计划引发质疑。一是资金份额低。2000 万美元只占整个计划 20 亿美元的 1%，这与全球生物安全需求缺口越来越大的事实不匹配。二是计划管理和实施机构不对口。该保障计划由国家核安全管理局提出，由国防核不扩散办公室监督实施，而该办公室的职责是通过全球合作来防止国家和非国家行为者研发核武器或获取可用于制造武器的核辐射材料、设备、技术，与生物领域相去甚远，这也引发了部分专家对该计划实施效果的担忧。

（军事科学院军事医学研究院　蒋丽勇）

瑞典专家分析未来生物战特征

2022 年 2 月《卫生安全》（*Health Security*）杂志刊载瑞典隆德大学生物医学专家大卫·吉赛尔逊（David Gisselsson）的评论文章——《下一代生物战：小规模大影响？》（“Next-Generation Biowarfare：Small in Scale，Sensational in Nature?”）。文章结合生物科技进步分析了未来生物战的特征，并就如何做好生物防御提出参考建议。

一、未来生物战特征

吉赛尔逊认为，社会发展和科技进步在一定程度上改变了生物战作战样式，也赋予了未来生物战新特征。

一是手段更多样。得益于基因测序技术和基因编辑技术，科学家在实验室从头合成传染病病原体已非新鲜事。功能获得性研究可增强病毒传播效率、传播途径或毒性，甚至改变宿主类型。生物武器袭击方式由此开始趋向多元化。

二是打击更精准。合成生物学领域的进步也可能显著提高袭击精准性。虽然其可行性存在争议，但是不能排除的情况是，人类基因类型数据的更高可用性可能使攻击者能够基于目标人群的基因类型精准袭击某些个人或特定种族的人群。特异基因袭击方法也可以用于袭击农作物或牲畜，因为它们通常具有国家、文化特异性，所以具有相对的基因同质性。精准袭击的其他方式包括对某种病原的 DNA 进行编辑，以使其只复制一定数量的周期或只在某些环境条件下复制。

三是效应更久远。多数经典的生物战项目基本上局限于自然病原，相关国家可根据病原体特性及可能引发的疾病规划对抗措施。生物技术的发展正在逐步消解国家应对生物武器的措施预置特征，卫生安全事件的影响范畴远远超过近年来传染病事件波及的地理空间范围和时间跨度。再者，关于特定生物安全事件的逻辑叙事亦能在民众中产生恐慌或愤怒情绪，对社会影响深远。

二、实施生物战的战略要素

无论多小的生物袭击都可能产生战略层面的影响，因为它将生物武器的目标从军事人员转向整个社会。为了达到真实性并造成持久的心理影响，一次有限规模的袭击可能需要以现实世界中具有恐怖属性的事件作为基础。鉴于此，在灰色地带冲突中，未来生物袭击的战略成功将取决于以下 7 点。

一是具有连贯的信息战目标，包括一组广泛的可能目标。例如，如果发起攻击的国家镇压国内反对派运动，则可以通过对外袭击行为转移民众视线；或者，颠覆袭击目标国家的政府。

二是引发对疫情扩散的担忧，强调病原的高传染性。

三是煽动对严重疾病或死亡的恐惧情绪，暗示可能使用了真正致命的制剂，或者袭击目标将是年轻人，目的是使恐惧达到最大化。对感染的恐惧也可能影响深度科学调查。

四是使袭击对象无法追查袭击者，掩盖袭击来源，并使用推责手法传播人们对新暴发事件的恐惧。未知来源也可以用于在目标人群中造成局面失控的感觉，另外可使用阴谋论攻击目标国家机构。

五是把突袭性做到极致，以避开目标国的任何抵御措施。突袭性可能不限于某次暴发事件的时间和地点，也可能包括陌生或合成生物制剂的使用，以及使用意想不到的路径或释放方式。

六是具有心理冲击力，能够对传媒界造成最大的影响。实现方式可以是在有大量媒体报道的公共活动场合实施袭击，或者袭击公众人物。

七是实际的袭击规模较小，以避免病原传播回袭击者或传播至其盟友，实现方式可以是依赖目标国的有效抵御措施，或者使用复杂的生物技术。

三、生物防御的关键要点

现代战略军事思想之父卡尔·冯·克劳塞维茨（Carl von Clausewitz）曾使用战争“迷雾”来描述战争的不确定性，而这种不确定性在现代技术的加持下越来越突出。非军事手段的参与模糊了战争与意外事件的界限，生物武器也因其易操控、难追溯、影响深远等特点，成为现代军事斗争和解决利益之争的重要手段，如何防御生物战也成为各方关注的重点。

文章认为，可更好地通过“军民两用”技术管理机制改善《禁止生物武器公约》履约。但视角必须超越传统的生物防御方式，如生物监测，以及疫苗、药物和个人保护装备的储备。未来，复杂的生物学技术将与信息战结合，因此医学情报将变得很关键。一是对威胁分子生物技术能力的细致且最新的评估对于应对袭击者的突袭策略至关重要；二是我们将需要前沿研究技术和基础设施以形成充实的数据，从而抵御假消息的影响；三是关于病原的大规模数据集，如其基因组序列，将是快速生产对抗制剂的关键。

作者认为，相对完善的生物安全战略至少包含以下 6 点。

一是要有信息对抗措施，以应对生物袭击所伴随的有害舆论。考虑到言论自由和信息战之间不可避免地存在对立，因此必须审慎地执行公共宣传，最好使用充分验证且最新的医学数据。

二是快速部署下一代测序技术，以确定新发威胁的基因特征，并实现溯源。这要求有可扩展的后勤能力，以执行快速且广泛的人群取样；另外，野外调查团队必须有一流的分子生物学设施。

三是对死亡案例做快速的死后调查，以寻找可疑的新生物威胁。这样做的目的不仅包括提取潜在的病原样本，还包括确定新生物制剂致病和致死的特征，这些知识对治疗感染者来说非常关键。

四是保护好数据传输、储存和计算能力，这样的能力可以被快速扩展，以分析大量的生物数据。这包括能用一个快速且安全的系统将数据传输到疫苗和医疗制剂生产商。

五是政府、国防部门、医疗服务提供者、商业生物技术机构和医学研究机构之间的更密切协作。必须制订计划和商业合同，以管理和平时期的协作活动，实现平战平稳转换。

六是构建一个动态更新的科学专家和医疗专家库，开展定期培训，储备核心学术力量。

需要注意的是，新时代需要有更好的预备能力，需要维持一个平衡的策略。政府机构对生物威胁的过度警惕可能会适得其反，以至于良性病原体引起的小规模自然疾病暴发事件也会触发大规模封锁，这就会影响其他方面的防御，会造成巨大的经济成本，且可能影响真的威胁所需要的响应能力。必须快速且精准地找到可疑死亡案例或疾病暴发事件的确切原因，而不是让它们误导公众和造成恐慌。因此，非常有必要提高医学情报能力，并为分子生物学研究配备最前沿的方法和最顶尖的技术。

（军事科学院军事医学研究院　蒋丽勇）

生物军控专家探讨推进国际合作的有效途径

2022 年 2 月，联合国裁军研究所在征询生物军控领域专家意见的基础上编制并发表报告《〈禁止生物武器公约〉[①] 第十条框架下的潜在国际合作方案》（“Options for International Cooperation under Article X of the Biological Weapons Convention”），系统梳理了各方观点，为各成员国提供参考。

一、真正理解《公约》第十条内涵是有效推进国际合作的前提

古纳尔 · 耶利米亚（Gunnar Jeremias）认为，1968 年《不扩散核武器条约》（Non-Proliferation of Nuclear Weapons，NPT）第三条首次提出“合作支柱”的概念。《不扩散核武器条约》的“支柱”是基于“原子能为和平服务”的理念。该理念潜在预设是核技术将在能量生产中扮演关键角色，“合作支柱”可为缺乏核技术的国家提供加入 NPT 的动机。

苏联于 1971 年提交的《公约》草案首次提到“国际合作”，此后相关语言表述变更较少。与《不扩散核武器条约》相比，《公约》相关的谈判从未就“拒绝为任何国家提供关键技术”这一问题展开深入讨论。

近年来，各方在如何推进《公约》第十条方面分歧拉大。2021 年，英国相关人士指出，《公约》无法像《不扩散核武器条约》一样为国际合作提供机制框架，且第十条也未对“国际援助活动”做出明确界定。

① 简称《公约》。

西方国家提到，其已通过生物安全和生物安保教育项目、技术转移等方式，协助部分国家履约实践，实质推进了国际合作。但“不结盟运动”（NAM）国家宣称，北半球国家对第十条的履行仍存在不足。目前已就《公约》第十条构建了援助供需数据库，但使用率十分有限。

建立第十条数据库的目的是为援助提供国和援助请求国之间提供一个常设的沟通渠道。2012—2015 年，各国提供援助的次数远大于援助请求次数，2016—2020 年，援助请求次数和援助提供次数整体呈下降趋势，2019 年出现空白，援助请求方的需求和援助提供方提供的服务之间存在一定错位，可能是相关请求次数在近 5 年出现大幅降低的重要原因。建议重新设计第十条报告的结构，以便更好地理解和反馈各成员国的需求。对成员国需求的调查流程可能有助于更好地理解优先事项，进而理解第十条框架下的其他和平用途。

二、援助请求和援助供给匹配度是推进合作的重要支点

联合国裁军事务办公室大规模杀伤性武器处、联合国安理会第 1540 号决议支持机构政治事务官员爱纳斯・穆罕默德（Einas Mohammed）认为，援助和合作条款的实施可能是很多机制的共同挑战。对《公约》来说，相关挑战和难点主要体现在以下 8 个方面。

一是不能确定合作或援助缺口与需求。这可能是因为成员国对文件要求的理解不足，或者没有能力开展需求评估。这导致出现了不连贯或不现实的合作或援助请求。

二是国家优先事项和合作援助要求存在冲突，这些需求不仅要聚焦于不扩散，还要兼顾更广泛的发展需求。一些发展中国家尤其如此，它们可能加入了大规模杀伤性武器机制，但同时它们觉得自己没有享受和平合作的好处。

三是通过合作获得的援助不足或范围有限，因此这些援助不能满足主张的需求。例如，对于一些要求提供设备的请求，得到的援助却是顾问性的支持。

四是援助协调差，或者地区分布不均衡。可能是由多个因素导致，包括对扩散风险的认知。

五是难以将外部援助转化为可持续的国内政策和做法。其原因可能包括短期项目所存在的问题、可持续发展计划的缺失、缺乏政治意志或能力，以及不能投资国家资源以获得持续的积极结果。

六是援助匹配流程或机制存在缺陷，无法高效且及时地协调资源需求。如果机构实体的资源有限或能力有限，无法支持合作活动，则问题特别突出。

七是缺乏专门且长期的援助与合作平台，这样的平台可用于搜集匹配成功案例的反馈，打破瓶颈，凝聚共识，持续汲取教训，以改善流程和宣传成功案例。

八是援助框架排除了某些履约实体，因此剥夺了它们获取《公约》机制中大量有用技术知识和资源的权利。这种情况的发生场景是合作和援助框架只限于成员国，而其他政府间组织和非政府组织则可能掌握着有用的专业知识和资源。

基于上述观点、截至目前关于第十条的讨论结果，以及在其他裁军和不扩散机制中获得的教训，表 1 中的实质性步骤是值得考虑的内容。

表 1　推进实施《公约》第十条的实质性步骤

实质性步骤	详情
提高成员国评估和传达其需求的能力	在专家指导下开发各种工具，以帮助成员国更好地评估其需求。公共卫生领域已经有大量的工具和指南，可以对它们进行调整以适配《公约》范围。另外，成员国可以考虑开发通用国际合作需求模板，吸引潜在的援助提供者
扩大和增加援助资源	制定一个通用的援助“请求－提供”模板，以确定提供援助的范围、性质、持续时间和资质标准，并用这个模板管理预期和降低交易成本。这样的模板可以考虑将非政府履约机构纳入合作与援助框架
建立全周期援助匹配机制	扩大《公约》履约支持机构的职责、规模，提供足够的资源，实施匹配机制，建议采用灵活的配对做法，有效协调援助请求者和提供者；制定高性价比的跟进机制和反馈机制，跟踪成功匹配案例，按需求为后续配对提供便利，发布需求状态。成员国也可以制定一些措施以评估援助匹配机制，并定期提供反馈和建议
培育和鼓励定制化的援助模式	承认各成员国在第十条框架下有不同的能力和优先事项，一个模式不能适应所有合作需求。鉴于此，可以考虑定制各地区的特定模式，以适应实际条件，并通过迭代项目实施
切勿重复开发	重视和利用已有机制和平台，相关机制在促进第十条框架下的国际合作方面发挥了重要作用

三、谨慎对待出口控制决策

联合国裁军研究所履约工作负责人、米德尔伯里国际研究所与其他战略武器项目主管詹姆斯·雷维尔（James Revill）和联合国裁军研究所大规模杀伤性武器和其他战略武器项目研究助理玛丽亚·加尔松·马塞达（María Garzón Maceda）表示，不结盟运动针对《公约》第十条，提出制定一个解决争议的程序（包括成立一个常设机构），以便“当一个或多个成员国以不符合《公约》第十条为理由，限制和（或）拒绝某个成员国获取用于和平目的的药品、药物、疫苗、诊断试剂和相关设备与材料时”，客观解决争端。这反映了不结盟运动国家的长期愿望，也是各方存在争议的关键问题之一。

西方国家不愿意将出口控制决策权让渡给任何国际机构，而部分不结盟运动国家强烈要求建立一个争端解决机制，以应对出口控制。二者对冲的结果是僵局。

解决某些特定出口控制争端的途径可能已经存在。例如，针对任何与《公约》履约相关的问题，第五条提供了一个磋商和协调机制。可以考虑重新确认或调整第五条。在指称使用生物武器核查议定书谈判过程中，中国、古巴、印度、印度尼西亚、伊朗伊斯兰共和国、墨西哥和巴基斯坦指出，“磋商和核查程序”是应对出口控制的第一步。

四、应对疫情“虚假叙事”，扩大履约支持机构职能

“詹姆斯·马丁不扩散研究中心”研究助理诺穆莎·恩东威（Nomsa Ndongwe）认为，新冠疫情让人们认识到国际合作的重要性。《公约》第十条为各成员国提供了共同控制疫情的良好机制。

WHO 称，关于新冠疫情的虚假信息使公众讨论变得极端化，放大了仇恨言论，增加了冲突、暴力和人权被侵犯的风险。以 2014 年“埃博拉病毒疾病”暴发事件为例，恐惧及对公共卫生措施的不信任使得疾病的影响时间被延长。在美国、法国、英国，乃至全世界，也存在关于新冠疫情及其疫苗的无数类似例子。

在自然疾病暴发事件中，虚假信息仍将可能是一个严重问题，且几乎可以肯定的是，它将在任何复杂的生物袭击事件中重现。因此，应该探索如何利用第十条合作机制制订出行动计划，以应对与生物武器相关的任何未来“信息疫情”。《公约》成员国也可以考虑制定和实施一个通用的公共教育项目，涵盖小学及以上所有层次，普及公共卫生最佳做法。

关于第十条可选方案的第二个考虑要点是强化和扩大《公约》履约支持机构，使其成为一个类似于禁止化学武器组织的技术秘书处。

在对当前仅有 3 人的履约支持机构进行补强后，可以组织一些活动，积极地推动合作和知识交流。

五、构建全球年轻科学家外交社群

阿根廷生物安全和生物安保领域专家梅拉·贝伦·亚梅雷诺斯（Mayra Belén Ameneiros）认为，随着基因编辑、人工智能、合成生物学等新技术的发展，新风险正不断出现，技术不断传播，更容易获得和去中心化趋势越发明显。鉴于此，我们必须思考如何应对全球卫生安全的风险。但是，科学研究与研究成果之间存在差距。如果技术研究成果被妥善利用，技术将为个人、环境、组织和国家带来福利。

为了填补这样的缺口，并弥补我们关于政策和外交方面的知识，科学家们必须获得新的技能，并走出舒适区。因此，政府或国际组织必须为科学家们创造与外交界联系的机会和论坛。另外，还必须为科学家们提供政策机会，以保证他们具有更好的沟通技能。此外，外交官们也可以从与科学家们的更密切联系中获益。因此，可以进一步利用《公约》第十条创造一个全球科学家外交和政策社群，建立年轻科学家网络，让感兴趣的科学家可以与同行和外交官们交流，为科学家们提供培训及互动机会，与国家、地区和全球范围的不同利益相关者构建伙伴关系。

国际协作的一个模式是生物安全青年计划，它由联合国裁军事务办公室在南半球年轻科学家生物安全外交研讨会之后创立，相关互动培训项目聚焦于多边裁军外交和促进生物安全的途径。该项目的议程包括负责任的科技创新、强化南半球地区生物安全网络的措施，以及关于生物学和平利用的国际合作。

在《公约》成员国的科学家和外交官之间建立长期联系的另一个模式是建立科学顾问组。这样的顾问组包含生物安全相关领域的专家，这些专家通过提供科学和技术方面的专业建议来促进援助和合作活动。在《公约》相关讨论中，有人建议创建一个开放式科学顾问模式，它可以吸纳大量的科学家；也有人建议采用综合了上述模式的混合模式。

如果能够将科学与年轻人结合，并为女性提供更多空间，那么就能做出一些根本性的改变。这些利益相关者可以利用《公约》第十条获得工具，增强其技能，并参与创造更好的解决方案。

（军事科学院军事医学研究院　蒋丽勇）

专家认为国际合作对《公约》第七条履约具有重要作用

2022年4月,《禁止生物武器公约》(简称《公约》)履约支持机构发布报告——《〈禁止生物武器公约〉第七条履约情况》("Operationalising Article Ⅶ of The Biological Weapons Convention")。报告刊载墨尔本大学法学院荣誉副教授、澳大利亚防卫科学与技术组织核化生军备控制组原组长罗伯特·马修斯(Robert Mathews)的文章——《国际合作(第十条)在有效落实援助和防护措施(第七条)过程中的重要性》。作者简要梳理了《公约》第七条、第十条相关内容演变过程,结合历史和现实因素,分析了国际合作在第七条履约进程中的作用,展望了九审会就相关问题可能达成的协商成果。

《公约》是首个禁止一整类大规模杀伤性武器的多边条约,条约内容包括生物武器和毒素武器的发展、生产和存储等。《公约》第七条规定,如因违反《公约》导致某缔约国面临危险,那么应向该缔约国提供援助。《公约》生效以来,第七条援助条款和第十条国际合作相关内容向来被视为不同条款,发挥不同功能。《公约》生效的最初几年,很少有人关注第七条和第十条内容。20世纪90年代初以来,外界对第七条和第十条的关注度上升,《公约》第五次审议会议和特别工作组会议(1995—2001年)都曾围绕履约第七条相关问题展开探讨。此外,2003年之后,专家组会和缔约国大会也成为推动该条款履约的重要议事机制。综合观之,各方对《公约》援助条款和国际合作相关内容关注程度及内容的演变,均与全球生物威胁形势变化密切相关。

一、20 世纪 90 年代之前：生物武器威胁成为关注重点

有关援助的条款最早出现于 1969 年英国提交的《公约》草案中，1971 年，苏联等社会主义国家也联合提交《公约》草案文本。经协商，苏联和英国各自在后续《公约》草案文本中删除了援助相关条款，但阿根廷等发展中国家认为在《公约》中含援助条款存在必要性，最终迫使两国同意保留有关援助内容的描述，并最终形成了《公约》第七条。20 世纪 90 年代之前，《公约》第七条一直处于“未被援引”的状态，但随着生物科技的飞速发展，生物技术作为武器的优势开始显现，各方对《公约》第七条的关注度上升。与第七条类似，在《公约》生效后最初几年，第十条所受关注度也十分有限。一审会上，有缔约国提到可通过国际合作预防疾病传播，但二审会、三审会的最后宣言几乎没有涉及第十条的内容。

二、20 世纪 90 年代—21 世纪初：传染病等公共卫生威胁受到关注

20 世纪 90 年代中期开始，特别工作组启动核查议定书谈判，各缔约国尤其是发展中国家对第十条的关注度提升。澳大利亚集团将两用生物材料、关键设备和技术纳入出口管制清单，此举引发质疑。部分发展中国家认为，澳大利亚集团对关键生物材料、设备和生物技术的出口管制可能会影响相关国家以和平发展为目的的正常生物技术发展。

核查议定书草案中有关国际合作条款的内容，在一定程度上借鉴了《公约》第十一条。核查议定书主席综合文本第 14 条指出，国际合作应推动科学技术交流（缔约国之间直接交流或通过组织交流），提倡自由贸易并支持尽可能广泛地交换生物材料，避免因《公约》限制而阻碍经济技术的发展。第 14 条后续章节所列其他众多措施均与人类和动植物疾病的预防、监控、检测、诊断和治疗有直接或间接关系。

与此相似，核查议定书草案中对援助相关条款的描述也借鉴了《公约》第十条的具体措施。因此，综合文本第 13 条将“援助”解释为“采取协调措施”，并向缔约国提供抵御生物武器和毒素武器的保护措施，如检测和报警设备；防护设备；洗消设备；用于洗消、预防、诊断和治疗的措施及物资；防护措施相关建议等。为了做好生物武器防御援助准备工作，第 13 条拟定了一些初步措施，如建立援助请求和援助响应信息数

据库、设立技术秘书处等。在特别工作组就核查议定书谈判期间，国际合作与援助得到了高度认可。

三、2003—2011 年：关注视角从生物武器拓展至生物威胁

2001 年核查议定书谈判受挫，2003 年闭会期间工作方案启动，相较于国家出口管控措施，第十条的考虑因素开始更多地关注健康相关问题。由于对恐怖主义使用生物武器的担忧与日俱增，联合国安全理事会第 1540 号决议于 2004 年形成，此决议极大地推动了全球生物军控多边进程。

后续闭会期间的会议越来越意识到第十条对第七条的重要支持作用，2007—2010 年的会间会广泛讨论了这一问题，之后的第七次审议会议（2011 年）同意创建“协调和援助数据库”，多边支持各缔约国之间请求援助和提供援助的交流工作。这些涉及大范围的各项活动，包括能力建设、疾病监控、生物风险管理等。数据库在各缔约国之间实现了信息互通，可精准匹配援助请求和响应，进一步紧密了各方合作。

四、2012 年至今：国际合作在援助事务中的作用日益凸显

闭会期间各缔约方对援助保护的关注也在增加。第七次审议会议认为各缔约国应考虑如何在 2012—2015 年的闭会期间工作方案中切实履行第七条。在非典、中东呼吸综合征和埃博拉疫情暴发期间，各缔约国总结了应对经验教训，在分析该条款履约情况的基础上，明确了未来目标和潜在挑战。讨论也重点关注了第七条和第十条基本目标之间的清晰关系。具体而言，缔约国开始认识到，加强各国在应对生物武器攻击方面的能力可以提高国际社会的合作应对能力，而国际社会的合作又对提高各国的应对能力至关重要。

在西非埃博拉疫情（2014—2016 年）应对期间，各方充分认识到快速响应能力对于有效疫情防控的重要性。2015 年缔约国大会相关成果报告肯定了各缔约国之间的高等级国际合作在生物安全事件处置中的必要性。

第八次审议会议（2016 年）考虑第七条内容时，各缔约国已认识到第七条和第十条之间的协同作用，尤其是通过合作活动可以预防、检测、抗击传染性疾病的暴发，并强调在处理传染性疾病暴发时，快速检测和及时、有效、协调响应的重要性。

因此，各缔约国最终达成共识：在联合国安全理事会决议就疫情暴发是否为蓄意这一关键问题做出裁定之前，鼓励向请求援助的缔约国提供援助。

各缔约国也认识到多个国际组织和机构（包括 WHO、世界动物卫生组织、联合国粮农组织、全球卫生安全议程等）已经执行了多项合作和援助项目，而这些与第七条直接相关。这些组织在及时协调、动员、提供应急援助方面也发挥着重要作用。各缔约国也力争避免《公约》相关的第七条援助措施和其他组织的疾病响应活动出现援助内容和方式雷同的现象。

第八次审议会议之后，“国际合作”成为第一次专家组会的年度主题，而“援助、响应和准备工作”则是第四次专家组会的年度主题。这些会议考虑强化第十条和第七条的协同作用，并以早期的提案为基础进行优化。例如，法国和印度更新了第七条援助数据库的提案，该提案获得了广泛支持，同时也有随之而来的问题，即如何避免与已有的第十条数据库内容重复。2020 年第一次专家组会上多个缔约国表示全球疫情使第十条执行力减弱的问题日益凸显。2020 年第四次专家组会期间，许多参与方强调新冠疫情等问题说明现有部署在有效应对新型传染病时仍然捉襟见肘。第四次专家组会还解决了面临危险的缔约国如何请求援助的问题。该会议认识到移动实验室对处理疫情暴发和其他事件大有裨益，建议将此类工具纳入第七条拟定数据库提供的援助内容中。

《公约》各缔约方普遍认为能力建设可以帮助发展中国家对抗生物威胁。会议讨论了各种区域方法，包括在“环球伙伴”支持的“减少非洲生物威胁的倡议”下组织的各项活动。

五、展望

新冠疫情蔓延全球，有关《公约》第七条的履约问题可能会成为九审会的关键议题。《公约》各缔约国逐渐认识到第十条在支持国家能力发展改进方面的重要性。通过监测、检测等手段，减少疫病暴发对于构建全球生物安全防御链条至关重要。

各缔约国认识到帮助那些尚缺应对能力的缔约国，以强化其疾病监测和相关体系，是一件利好的事情。第十条通过共同合作预防疾病的方式来提供这些帮助，这也是《公约》的和平目的之一。

（军事科学院军事医学研究院　蒋丽勇）

美国和欧盟在生物安全领域年度重大政策和举措概述

新冠大流行给全球带来了很大冲击，生物安全成为备受关注的热点问题。美国和欧盟作为全球主要的发达国家和地区，高度重视生物安全问题。2022 年，美国和欧盟围绕生物安全领域，从战略行动、机构改革、研究布局等方面发布了一系列重大政策，采取了一系列举措，值得我国参考和借鉴。

一、美国

（一）发布相关战略

美国总统拜登 2022 年 10 月 18 日推出新版《国家生物防御战略和实施计划》。该战略概述了各政府部门将如何采取积极措施，为下一波大流行及各种生物威胁做准备的要求。总的来说，该战略在延续特朗普政府生物防御战略的基础上，结合了拜登近期推出的国家安全战略和美国大流行应对计划的新理念，即从国家安全的角度出发对抗大流行病，并加强美国的生物防御能力。该战略结合新冠应对的得失进行了总结，评估了面临的威胁，提出了快速开发应对措施的要求，强调了预警能力建设、国际合作和供应链的重要性。该战略主要通过加强全球卫生安全从源头上遏制疫情、加强实验室生物安全和生物安保，以及遏制生物武器的使用和发展等方式防止疾病暴发成流行病，并加以预防。未来 5 ～ 10 年的战略目标是：实现 12 小时内检测，一周内数万次诊断检测，90 天内开发快速诊断；100 天内开发出疫苗；在 130 天内为美国人口制造足够的疫苗；与国际伙伴合作，在 200 天内为全球高危人群提供足够的疫苗；加快治疗开发和验证，在 90 天内改变现有药物的用途，或在

180 天内开发新疗法[①]。HHS 随后对此战略做出积极响应，10 月 18 日，HHS 宣布采取行动应对生物威胁，加强疫情防备，并实现卫生安全，指导战略实施。HHS 表示已经在一些关键领域积极努力预防、检测和应对流行病和其他生物事件，如疫苗、抗病毒药物、诊断和数据分析、国际交往等[②]。

（二）发布行政命令

9 月 12 日，美国发布关于推进生物技术和生物制造创新的行政命令，以实现可持续、安全和有保障的美国生物经济。9 月 14 日，美国宣布新的投资和资源分配计划，以推进拜登总统的国家生物技术和生物制造计划；随后 HHS、国防部、能源部、商务部纷纷表示将投入资金，把重点放在扩大药物原料生产能力，扩大国内生物制造，推进生物技术、生物制品和生物材料方面的创新研究工作，将生物制品推向市场，将生物安全纳入生物技术发展等方面[③]。

（三）开展体制改革

美国政府对疾病预防控制中心（CDC）开展审查、评估和改革，成立新的疫情预测、药物研发和紧急行动机构。

CDC 开展了全面审查和评估，侧重于该机构的核心能力：公共卫生工作队伍、数据现代化、实验室能力、卫生公平、对疾病暴发的快速反应，以及美国和全世界的准备工作[④]。8 月 23 日，BMJ 网站报道，CDC 将根据对新冠大流行病应急反应的审查，对其结构和系统进行重大改革。CDC 将不再强调员工发表科学论文的情况，而是更加强调对公共卫生问题的快速反应。此外，还将设立一个政府间事务办公室，帮助其他联邦机构和州卫生部门与 CDC 进行合作[⑤]。

为了强化疫情预测能力，CDC 成立了预测和疫情分析中心（Center for Forecasting and Outbreak Analytics，CFA），旨在提高国家使用数据、模型和分析的能力，以便为

---

① 来源：https://www.whitehouse.gov/briefing-room/statements-releases/2022/10/18/fact-sheet-biden-harris-administration-releases-strategy-to-strengthen-health-security-and-prepare-for-biothreats/。

② 来源：https://www.hhs.gov/about/news/2022/10/18/hhs-announces-actions-to-counter-biological-threats-enhance-pandemic-preparedness-and-achieve-health-security.html。

③ 来源：https://www.whitehouse.gov/briefing-room/statements-releases/2022/09/14/fact-sheet-the-united-states-announces-new-investments-and-resources-to-advance-president-bidens-national-biotechnology-and-biomanufacturing-initiative/。

④ 来源：https://www.nytimes.com/2022/04/04/health/cdc-re-evaluation-covid.html。

⑤ 来源：https://www.bmj.com/content/378/bmj.o2074。

CDC 及其公共卫生合作伙伴做出及时、有效的决策，应对公共卫生威胁。CFA 的目标是利用传染病建模和分析来改善疫情应对措施，并为联邦、州和地方各级的领导人提供支持。CFA 还将制定一个项目，向公众提供有关传染病事件的解读，为个人决策提供信息，相当于国家传染病气象局。CFA 的工作将集中在三大方向上：预测、提供信息和创新[①]。

为了强化检测能力，CDC 为建立美国公共卫生病原体基因组学卓越中心（PGCoE）网络的合作协议项目提供资金。PGCoE 网络的基本目标是，通过学术和公共卫生组织之间的合作，促进病原体基因组学和分子流行病学的创新，以改善对具有公共卫生重要性的微生物威胁的控制和应对。其将实施一项三管齐下的战略：①加快相关病原体基因组技术和创新在美国公共卫生系统中的转化，特别是在地方、州、部落、地区和国家层面的公共卫生机构；②对公共卫生人员进行微生物基因组学和基因组流行病学的培训；③快速和可扩展地使用病原体基因组学来应对传染病引起的突发公共卫生事件，以改进传染病威胁的检测、表征和预防[②]。

为了强化应急行动能力，CDC 启动了应急行动中心（EOC），继续积极推进对猴痘疫情的公共卫生响应。该中心有 300 多名 CDC 的工作人员，他们与当地、国家和国际应对伙伴合作，共同应对公共卫生挑战。EOC 的启动将有助于进一步补充 CDC 工作人员应对这一疫情的持续工作[③]。

为了强化药物研发能力，美国国家传染病和过敏研究所表示投入总计金额约 5.77 亿美元，建立 9 个针对大流行病病原体抗病毒药物开发中心，以开发创新药物。这些中心将研究和加强对新病毒靶点的早期识别和验证，特别是侧重于识别能够直接阻断病毒靶点的小分子和生物治疗剂[④]。

（四）防控具体举措

在新冠防控领域，2022 年 3 月，美国颁布并实施《国家新冠病毒感染防范计划》，旨在恢复正常生活，与新冠病毒共存。随后 9 月 15 日，美国发布全球应对和恢复框架声明，主张将新冠疫情应对活动纳入现有卫生系统，同时确保尽量减少对其他卫生服务的影响，还要求提高疫苗接种率、扩大并整合检测和治疗工作，以及为未来变种和大流

① 来源：https://www.cdc.gov/media/releases/2022/p0419-forecasting-center.html。
② 来源：https://www.grants.gov/web/grants/view-opportunity.html?oppId=336984。
③ 来源：https://www.cdc.gov/media/releases/2022/s0628-monkeypox-eoc.html。
④ 来源：https://homelandprepnews.com/stories/77090-niaid-utilizes-577m-to-establish-nine-athogen-antiviral-drug-development-centers/。

行威胁做好准备。美国在预防和治疗方面，提出保证疫苗产能和效用、提高接种率、研发针对新变种的疫苗、强化对危险人群的保护，并推出“治疗与检测一站式服务”；在防止经济和教育停摆方面，提出保证教师学生在学校正常开展教学活动、企业工厂正常复工复产；在新冠后遗症防治方面，重点推进预防、诊断、治疗，为长期新冠病毒感染患者及其家庭提供服务和支持。

在猴痘防治领域，美国通过转变其猴痘疫苗接种策略[①]，授予猴痘疫苗紧急使用授权，允许医疗保健提供者通过皮下注射接种[②]，允许发布体外诊断的紧急使用授权[③]，覆盖可能面临猴痘疫苗接种障碍的人群[④]，增强授权接种猴痘疫苗的力度[⑤]。

在抗击耐药性方面，美国表示加大投入，开展抗生素耐药性（AMR）感染研究。2022年，HHS表示10年内支持通过对抗抗生素耐药性细菌生物制药加速器（CARB-X）进行的AMR感染研究的首批2000万美元已经到位[⑥]。

在防范两用生物技术带来的生物安全问题方面，美国主要制定相关指南，加强基因编辑产品和两用生物技术的风险监管。3月，FDA发布《结合人类基因组编辑的人类基因治疗产品》。在该指南中，FDA向开发包含人类体细胞基因组编辑的人类基因治疗产品的赞助商提供建议[⑦]。

在实验室生物安全风险管理方面，美国国家科学技术委员会发布《循证实验室生物风险管理科技路线图》，以加强实验室生物风险管理的科学基础。报告称，一些实验室依赖“过时的研究”或“临时协议”。不推进实验室生物风险管理的科学基础的代价是多方面的[⑧]。

---

① 来源：https://www.nbcwashington.com/news/health/dc-postpones-some-monkeypox-vaccine-2nd-doses-to-focus-on-initial-shots/3116185/。

② 来源：https://www.whitehouse.gov/briefing-room/press-briefings/2022/08/11/press-briefing-by-white-house-monkeypox-response-team-and-public-health-officials/。

③ 来源：https://www.hhs.gov/about/news/2022/09/07/hhs-secretary-becerra-issues-564-declaration-to-expand-the-availability-of-testing-for-monkeypox.html。

④ 来源：https://www.cdc.gov/media/releases/2022/p0915-mpx-vaccine-equity.html。

⑤ 来源：https://www.hhs.gov/about/news/2022/10/03/hhs-amends-prep-act-declaration-increasing-workforce-authorized-to-administer-monkeypox-vaccines.html。

⑥ 来源：https://homelandprepnews.com/stories/77111-hhs-to-invest-up-to-300m-over-next-10-years-nto-carb-x-efforts-to-combat-antimicrobial-resistant-infections/。

⑦ 来源：https://www.fda.gov/regulatory-information/search-fda-guidance-documents/human-gene-therapy-products-incorporating-human-genome-editing。

⑧ 来源：https://sciencebusiness.net/news/eu-and-us-move-control-risk-dangerous-pathogens-escaping-labs。

二、欧盟

（一）启动新的卫生安全战略

5 月 19 日，在 G7 发展和卫生部长会议上，欧盟委员会委员宣布启动新的欧盟全球卫生战略工作，并发表声明。强调必须让可持续发展目标重回正轨。必须在全球范围内解决健康问题，必须共同努力改善卫生系统，以便它们能够更有效地预防和应对全球卫生威胁，并应对所有传染性和非传染性疾病等。

（二）明确未来主要威胁

7 月 12 日，欧洲卫生应急准备和响应局（HERA）提出了一份需要在欧盟层面协调医疗对策措施的三大健康威胁的优先清单。HERA 商定了一份清单，其中包括 3 类威胁，即威胁生命或对健康有严重危害、有可能在成员国之间蔓延的威胁：①具有高度流行潜力的病原体。这包括研究令人关切的特定病毒家族，在此也考虑到大多数后果严重的新出现的人畜共患传染病。这一类别主要包括呼吸道 RNA 病毒家族。②化学、生物、辐射和核（CBRN）威胁。这些威胁可能来自意外或故意释放，以及由恐怖行为者造成的事件。CBRN 物质是根据其发生的可能性和对人类健康的潜在影响来确定的。③由耐药性导致的威胁[①]。

（三）防控具体举措

4 月 27 日，欧洲疾病预防控制中心（ECDC）发布中期报告内容关于 ECDC 与部分欧盟国家开展的一系列对话，综合并分享了参加对话的部分欧盟国家疫情后紧急阶段和（或）降级措施的经验和做法[②]。7 月 8 日，HERA 发布其 2022 年管理计划。计划指出，2022 年 HERA 的总目标是改善欧洲的生活方式，具体目标包括：为卫生紧急情况的危机应对做好准备；为卫生突发事件做好准备；形成国际复原力和适当的卫生突发事件应对准备[③]。

在风险评估方面，欧盟对传染病流行风险做了评估，重点围绕新冠病毒感染、猴

① 来源：https://ec.europa.eu/commission/presscorner/detail/en/ip_22_4474。

② 来源：https://www.ecdc.europa.eu/en/publications-data/transitioning-beyond-acute-phase-covid-19-pandemic-interim-report。

③ 来源：https://ec.europa.eu/info/sites/default/files/hera_mp_2022_en.pdf。

疸、不明病因的儿童重症急性肝炎[①]和禽流感疫情开展，并提出防控建议。

在检测方面，欧盟发布了抗原性新型冠状病毒监测技术指南[②]、欧洲呼吸道病毒监测的操作注意事项等文件[③]。

在监测预警方面，欧盟与伦敦卫生和热带医学院传染病数学模型中心（CMMID）合作开发和运营一个新的在线建模中心——欧洲新冠病毒感染情景中心，将提供新冠疫情在病例、住院和死亡方面可能如何演变的建模预测[④]。ECDC 参与了欧洲健康数据空间（EHDS）的试点项目，目的是为欧盟 / 欧洲经济区国家的传染病预防和控制建立更强大、可持续和有效的监测系统[⑤]。

在疫苗方面，欧盟推出了新冠病毒疫苗接种策略[⑥]，发布欧盟 / 欧洲经济区新冠病毒疫苗接种策略和部署计划实施概要[⑦]，发布了关于注射第四剂 mRNA 新冠疫苗的声明[⑧]，对猴痘疫苗的皮内使用提出了建议[⑨]。欧盟还与企业签署了联合采购大流行性流感疫苗[⑩]、新冠病毒疫苗[⑪]、猴痘疫苗[⑫⑬]的协议。为了评价疫苗接种效率，欧盟还发布使用卫生数据登记处进行新冠病毒疫苗有效性研究的试点方案，将使用在各种登记处（包括疫苗接种、人口和健康数据库）定期收集的信息，并利用数据联系来估计感兴趣结果的风险比或比率[⑭]。

在建立战略储备方面，为了提高欧盟对化学、生物、辐射和核（CBRN）威胁等公

① 来源：https://www.ecdc.europa.eu/en/news-events/ecdc-publishes-rapid-risk-assessment-increase-severe-acute-hepatitis-cases-unknown。

② 来源：https://www.ecdc.europa.eu/en/news-events/ecdc-issues-guidance-scaling-capability-and-capacity-characterise-sars-cov-2-variants。

③ 来源：https://www.ecdc.europa.eu/en/news-events/ecdc-releases-publications-covid-19-vaccination-strategies-and-joint-ecdc-who-report。

④ 来源：https://www.ecdc.europa.eu/en/news-events/launch-scenario-hub-projecting-future-covid-19-health-impact。

⑤ 来源：https://www.ecdc.europa.eu/en/news-events/ecdc-participate-pilot-project-european-health-data-space-health-research-europe。

⑥ 来源：https://health.ec.europa.eu/publications/covid-19-preparing-autumn-winter-2023_en。

⑦ 来源：https://www.ecdc.europa.eu/en/publications-data/overview-implementation-covid-19-vaccination-strategies-and-deployment-plans。

⑧ 来源：https://www.ecdc.europa.eu/en/news-events/ema-ecdc-statement-fourth-covid-vaccine-dose。

⑨ 来源：https://ec.europa.eu/commission/presscorner/detail/en/statement_22_5063。

⑩ 来源：https://ec.europa.eu/commission/presscorner/detail/en/ip_22_4363。

⑪ 来源：https://ec.europa.eu/commission/presscorner/detail/en/ip_22_4782。

⑫ 来源：https://ec.europa.eu/commission/presscorner/detail/en/ip_22_5362。

⑬ 来源：https://ec.europa.eu/commission/presscorner/detail/en/ip_22_6766。

⑭ 来源：htps://www.ecdc.europa.eu/en/publications-data/covid-19-pilot-protocol-vaccine-effectiveness-study-using-health-data-registries。

共卫生风险的准备和应对能力，欧盟委员会正在通过欧盟平民保护机制建立应对能力的战略储备。这包括 5.405 亿欧元的 rescEU 战略储备。这一储备将包括设备和药品、疫苗和其他治疗剂，用于治疗紧急情况接触 CBRN 的患者，以及 rescEU 净化储备，用于提供净化设备和专家应对小组。作为第一步，欧盟已经动员其 rescEU 医疗储备采购碘化钾片，已经通过欧盟平民保护机制向乌克兰运送了近 300 万片碘片。欧盟委员会在 rescEU 的指导下正在发展：CBRN 应急储备，包括反应设备，如个人防护设备，检测、识别和监测设备，以及药品、疫苗和其他治疗方法；rescEU 净化储备，包括对接触过 CBRN 制剂的人员、基础设施、建筑物、车辆或关键设备进行消毒的人员和设备[①]。

在抗击耐药性方面，欧盟发布关于欧盟 / 欧洲 AMR 和同一健康回应的联合报告，指出欧盟 / 欧洲经济区的首要任务包括：评估和监测国家行动计划的执行情况；对来自人类、动物和环境的细菌中的 AMR 进行综合和扩大监测；投资于有效的成本节约干预措施，如抗菌药物管理计划和感染预防与控制（IPC）[②]。

（中国科学院武汉文献情报中心　梁慧刚、黄翠、王鑫、朱小丽）

① 来源：https://ec.europa.eu/commission/presscorner/detail/en/ip_22_2218。

② 来源：https://www.ecdc.europa.eu/en/publications-data/antimicrobial-resistance-eueea-one-health-response。

美国海军生物安全装备体系现状及发展趋势

近年来，在复杂的政治、军事和安全背景下，全球生物安全态势日趋严峻。作为国际性军种的海军由于对外交往频繁，在全球化的大背景下其所面临的生物安全风险不言而喻。美国拥有世界上最强大的海上力量，海军生物安全装备体系健全并保持持续发展态势，值得高度关注。

一、美国海军生物安全装备体系发展现状

作为一支长期全球部署、前沿存在的海上力量，为了应对全球复杂的生物安全态势，美国海军立足于满足生物安全防御的所有关键环节，针对不同对象、各种使用范围，形成了一套较为完备的生物安全装备体系。从保障对象来看，既有陆、海、空、陆战队多军种联合研发、统一部署的装备，又有海军部队专用装备；从使用范围看，既有个人防护装备，又有集体防护装备；从装备功能看，技术配套、型号齐全；从装备形式看，既包括各单项功能的实物装备，还包括多种装备组合，配以远程通信、电子传输和辅助系统而形成的集成系统，并形成了在全球范围内定点监测与检测、具备快速机动反应和多层次应对处置能力，系列化、标准化和模块化的军用生物安全装备体系。

依据应对生物安全威胁时的“侦测预警与态势感知—防护保护—洗消救治—隔离后送”全链条，可将美国海军生物安全装备分为四大类，即侦测预警与态势感知装备、防护保护装备、洗消救治装备和隔离后送装备（图 1）。

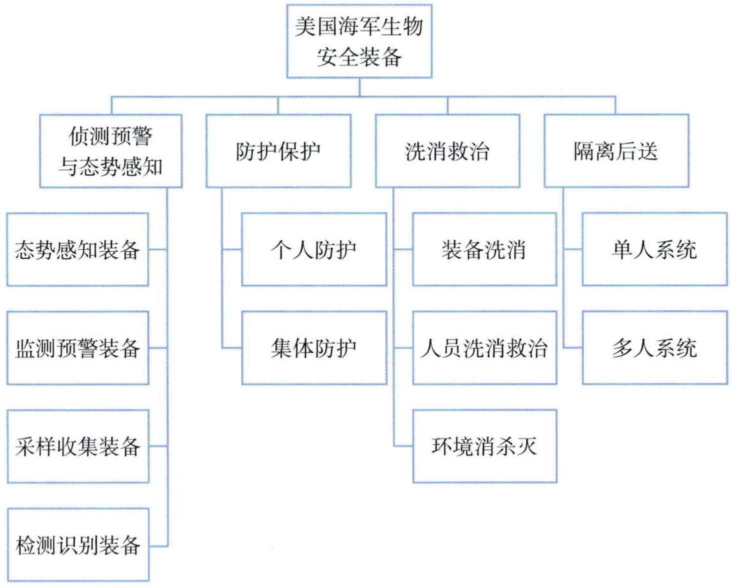

图 1　美国海军生物安全装备体系

（一）侦测预警与态势感知装备

侦测预警与态势感知装备可分为态势感知、监测预警、采样收集和检测识别四大类。其中，通过生物战剂监测侦察系统，美国海军能够在相当远的距离和较大范围内，实时或近乎实时地察觉生物战剂气溶胶并报警，同时通过协调各类生物安全监测平台之间的信息共享与情报互通，能够快速对生物事件风险和影响进行建模与预测，并对蓄意、偶然和自然发生的生物安全事件与风险进行评估，从而较好地确保了战场生物安全威胁态势感知能力，为应急响应提供决策支撑，为及时遏制、控制和减轻生物威胁或生物事件影响提供有力支撑。通过采样、检测分析装备，美国海军能够在现场及实验内快速判断生物战剂或病原微生物种类、危害区域及危害程度，从而有针对性地采取措施控制战剂传播及疾病扩散。目前，美国海军列装的生物侦测预警与态势感知装备包括：通用生物点监测系统、通用生物战术监测系统、通用生物对峙监测系统、远程生物对峙监测系统、干式过滤器和手持式分析阵列、通用预警和报告网络、通用效应模型、通用化学生物战剂水监测系统、通用生物战剂识别和诊断系统、下一代诊断系统等。

（二）防护保护装备

发生生物威胁，无法预警或部队因任务需要，不能离开或必须通过生化污染区时，防护系统可以协助人员避免威胁、维持生命，并继续保持作战能力。美国海军配备的生物安全防护保护装备，根据保护对象不同，可分为个人防护和集体防护两大类。个人防护装具包括 M50 通用防护面罩、通用轻型一体化防护服等陆、海、空三军通用的生化防护装备。集体防护系统主要是在大型舰艇上安装的核生化集体防御系统和配备给美国海军远征作战部队的远征部队通用集体防护系统。舰艇核生化集体防御系统可在舰艇遭遇核生化袭击或穿越核生化污染区时，为舰艇舱室提供正压环境，避免舰艇内部受到污染。远征部队通用集体防护系统与陆军通用集体防护系统类似，属于可展开集体防护系统，带有过滤装置、环境控制系统、防护帐篷等组件。

（三）洗消救治装备

生物安全洗消救治装备是使用物理、化学等方法对遭受生物污染的人员和设备进行去污净化等处理，减少或消除生物战剂危害的设备。根据保障对象不同，生物安全洗消救治装备分为舰艇、飞机等装备专用洗消装备；环境消杀灭装备和器材，以及人员洗消救治 3 类。美国海军生物安全洗消救治装备有通用生物战剂洗消系统、舰艇核生化冲淋系统、媒介物控制器材包和消毒机器人等。各类舰艇上根据使命任务，配有不同数量的核生化普通洗消站和核生化伤员洗消站，为舰上及登舰部队受沾染人员提供洗消。一般洗消站为三舱设计，分为液体洗消区、气雾洗消区和风淋室。在两栖舰艇上设有核生化伤员洗消站，伤员可平躺在担架上进入洗消站完成洗消。

（四）隔离后送装备

对于无法及时处理的遭受生物安全威胁的伤员，应当予以及时后送救治。针对烈性传染病伤员，美国海军目前隔离后送装备包括单人使用的伤员隔离转运系统和多人使用的集装箱式生物隔离运输系统、运输隔离系统、航空医学生物防护系统等，在确保烈性传染病伤员安全运输的同时，也能保护转运平台上的医务及工作人员自身安全。

二、美国海军生物安全装备体系发展趋势

在 2014 年非洲埃博拉疫情后，美国海军在生物安全装备上更加重视，加快了海军专用生防装备的研发、改进和测试速度。在此次新冠疫情应对中，虽然美军多艘舰艇遭遇大规模舰员感染，但并未对其全球部署造成太多影响。

（一）海军生防装备进一步向通专结合的方式发展，既满足多平台联用，又满足海军特殊需求

美国海军配备的生物安全防御装备，既有海军舰艇专用装备，也有通用装备。海军专用装备主要是在舰艇上使用的洗消和集体防护系统。根据舰艇密闭环境特点，使用取之不尽的海水，实现舰艇“三防”和冲淋洗消。在侦测预警与态势感知方面，为了适应联合作战的要求，大多以多军种通用，可搭载在陆、海、空不同任务平台上的装备为主，同时兼顾海上特殊环境要求。近年来，包括通用生物点探测系统、通用远征集体防护系统在内的 6 套通用装备正在美国海军舰艇和远征部队进行舰船适应性改造和试用，为后续舰船上的加改装提供试验数据。同时，为了彻底解决通用装备海上适应性不强需改装的问题，一套由成熟技术转化而来的专门为舰艇设计的“嵌入式海上生物探测系统”正在加紧研发和试验，该套系统含有 5 个可替换单元，可在现有通用生物点探测系统的基础上升级改造，提升通用生物点探测系统在舰艇上检测、采样、识别和样品处理能力，改进用户界面的可操作性，并进一步加强舰艇海上生物威胁侦测及防御能力。

（二）生物安全预警监测装备向集成化方向发展，战场快速态势感知能力进一步提升

从近年来美军在研或计划研发的生物安全侦检装备来看，如“下一代诊断系统”，基本具备采样、样品处理、识别分析、预警分析等多种功能，告别了过去多种装备功能单一且无法联用的问题，样品的识别能力、准确度也大大提升。通过高度集成化的生物安全侦检系统，美军能够更加有效地获取、整合生物威胁信息、环境条件、防护能力等战场数据，并通过与其指挥预警网络相连，实现向指挥系统传送生物威胁预警和报告，为指挥员准确掌握战场态势、精准决策提供有力支撑。近期，美国海军正在开展一项“增强型海上生物侦检计划”，通过改装通用型生物点监测系统，更好地为海军舰艇海上生物安全风险侦检提供支撑。改装后的生物点监测系统将由 5 个部分组成，包括快速气溶胶探测器、湿壁气旋收集器、侧流免疫层析仪、样品处理系统和计算机控制子系统，涵盖了监测、采样、识别、处理等多个功能，目前该系统已进入了作战测试评估阶段。

（三）重视生防装备系列化、体系化研发，实现生物威胁应急响应全链路覆盖

美国海军已经建立了应对生物威胁的“侦测预警与态势感知—防护保护—洗消救

治—隔离后送”全链路装备体系，帮助其实现全球不同场景下的生物防御要求。同时，随着科学技术水平的发展和提高，美军正在试图通过无人系统、人工智能、大数据分析、机器学习等新技术手段，在自动侦检识别生物威胁、高效装备及环境洗消、伤员转运送治结合等领域进行技术革新与探索，进一步提升美国海军生防装备体系水平和能力。

（四）加强便携式、可机动部署的生物防御装备研究，提升机动力量前出保障能力

在分布式海上作战的概念下，单舰不仅需要具备更强的进攻杀伤能力，单舰的防御、承损及持续作战能力也需要相应提升。从生物安全防御要求来看，单舰的集防装备能力需要提升，同时单舰应对生物安全威胁的应急响应能力也需要提升。然而，受舰艇医疗舱室布局限制，一些舰艇本身不具备生物样本检测能力，需要机动卫勤力量前出进行应急响应保障。在新冠疫情期间，美国海军第七舰队在快速应对和处置“罗斯福”号航母新冠疫情中，就出动了位于夏威夷的前沿部署预防医学队携带便携式检测装备，使原本不具备生物样本检测能力的舰艇在极短时间内完成了全员筛查，展现出了较高的已知病原体的现场快速筛查能力，为后续采取隔离、救治等措施赢得了宝贵的时间。由于生物安全威胁存在不确定性，除已知病原体的快速筛查和确认外，未知病原体的现场快速筛查与检测成为美国海军未来便携式、机动装备研制的重点。

（海军特色医学中心　卢姗姗、栾洁、巴剑波）